ゼロからはじめる

なるほど！
Copilot
コパイロット

Getting started with
Microsoft Copilot

Tips for using AI to
evolutionize the way
you work with
Windows and Microsoft 365

活用術

マイカ・著

JN100040

技術評論社

はじめに

Microsoft Copilot は、その登場以来、多くの関心と期待を集めています。このツールは、多岐にわたる業務やプロジェクト管理を支援し、生産性向上に貢献します。しかし、その真価を引き出すためには効果的な使い方や理解が不可欠です。

本書は、「Microsoft Copilot って何？」という初心者から、「どうやって効率よく使えるか知りたい」と考えている経験者まで、多様なユーザー層に向けて役立つ内容となっています。具体的な利用シナリオや設定方法、コツなどを豊富に取り上げながら解説しています。

このガイドブックが皆さんの日常業務でMicrosoft Copilotを最大限活用する助けになれば幸いです。そして皆さんがこの強力なツールによってさらなる生産性と創造性を発揮できれば幸いです。それでは、一緒に Microsoft Copilot の世界へ踏み出してみましょう！

2024年5月

筆者

■ご注意

ご購入・ご利用の前に必ずお読みください。

● 本書に記載された内容は、情報提供のみを目的としています。したがって、本書を用いた運用は、必ずお客様自身の責任と判断によって行ってください。これらの情報の運用の結果について、技術評論社および著者はいかなる責任も負いません。
● ソフトウェアに関する記述は、特に断りのないかぎり、2024年5月末日現在での最新情報をもとにしています。これらの情報は更新される場合があり、本書の説明とは機能内容や画面図などが異なってしまうことがあり得ます。あらかじめご了承ください。
● インターネットの情報については、URL や画面などが変更されている可能性があります。ご注意ください。

以上の注意事項をご承諾いただいた上で、本書をご利用願います。これらの注意事項をお読みいただかずに、お問い合わせいただいても、技術評論社および著者は対処しかねます。あらかじめご承知おきください。

本書に掲載した会社名、プログラム名、システム名などは、米国およびその他の国における登録商標または商標です。
本文中では TM、® マークは明記していません。

Contents

第 1 章

Copilotの基礎知識

第 2 章

Copilotを使ってみよう

WindowsやEdgeでCopilotを使う

Microsoft 365でCopilotを使う

第 **5** 章
OutlookのCopilot

第 **6** 章
WordのCopilot

第 **7** 章
ExcelのCopilot

第 **8** 章

PowerPointのCopilot

第 **9** 章

その他のCopilot

第 **1** 章

Copilotの基礎知識

ここではMicrosoftが開発した
生成AI「Copilot」の基本的なしくみや種類、
特徴について解説します。

Microsoft Copilotは
生成AIのひとつ

Keyword Copilot／Edge／Bing／Microsoft 365

　Copilotとは、Microsoftが提供しているAIコンパニオンのこと。テキストや音声、画像を使用してAIとチャットをすることで、適切な情報を見つけたり、オリジナルコンテンツの作成をしたりすることができます。また、ドキュメントやウェブページの要約を作成するなど、生産性向上にも寄与します。WindowsのデスクトップやEdge（ブラウザー）、Bing（サイト）から無償でアクセスできるほか、Microsoft 365アプリから使用できる有償の「Copilot Pro」や企業向けの「Copilot for Microsoft 365」などが提供されています。

生成AIについて

　生成AIは、文章やメールを作成したり、プログラミングのコードの作成、文章の要約、修正などさまざまなタスクを実行することができます。また、大量のデータを使ってトレーニングしているため、さまざまな情報を提示することも可能です。ただし、検索エンジンとは違い検索する機能がないモデルでは最新情報を入手できず、望んだ回答が得られない場合もあります。

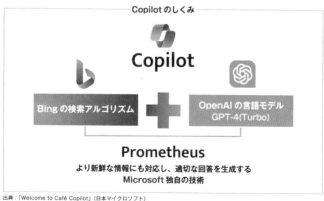

出典：「Welcome to Café Copilot」（日本マイクロソフト）

Microsoft Copilot でできること

MicrosoftのCopilotはさまざまなタスクに対応するほか、ユーザーにパーソナライズされた支援を提供することを目的として作られています。そのため、大規模言語モデル本来の機能に加え、ウェブなどの最新情報やMicrosoft 365に保存されているデータを組み合わせて最適な回答を得ることもできるのです。

Copilot を使えば、ニュースの要約を確認したり、画像を生成したりできます。

プロンプトで Copilot に指示をする

Copilotに必要な内容を伝えるために使われる指示や質問のことを「プロンプト」と言います。

たとえば「議事録の要約を作成して」というようなプロンプトを送信すると、Copilotはプロンプトの指示に沿った要約を作成し表示します。出力された結果がイメージと異なる場合には、会話を通じて出力結果をブラッシュアップしていくこともできます。

Word の Copilot の画面。サイドバーに表示されたテキストボックスに Copilot への指示を入力します。

Microsoft Copilotの
種類と特徴

Keyword ChatGPT ／ OpenAI ／ Copilot in Windows ／ Copilot in Edge

　今の生成AIのブームを作ったと言っても過言ではないChatGPT。2022年11月に発表されて以来、1か月で月間アクティブユーザー数が1億人に到達。高い性能を持つ生成AIとして注目を集めました。

　ChatGPTは、書籍や記事、ウェブサイト、ソーシャルメディアといったインターネットのデータなどを学習し作られた言語モデルをベースとしたサービスです。膨大なデータを学習した結果、会話のコンテクストを理解し、適切な応答を生成できるようになっています。

ChatGPTとCopilotのしくみ

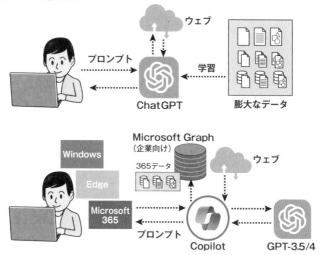

> **Memo**
>
> Copilot for Microsoft 365は、Microsoft Graphを使用し、Microsoft 365サービスで保存されているデータへアクセスすることができます。

Microsoft Copilot の種類

このChatGPTを開発・提供しているOpenAIとMicrosoftが提携して開発・提供されたのがCopilotです。Copilotは大規模言語モデル「GPT（Generative pre-trained Transformer）シリーズ」をベースに開発されていますが、Microsoft 365のデータとの連携も考えられています。つまり、仕事でこれまで蓄積してきたデータを学習し、より業務に適した回答を作成できる生成AIとなっているのです。

Copilotには提供形態によりさまざまな種類があり、サイトにアクセスして使用するCopilotやWindowsに組み込まれているCopilot、ウェブブラウザーに搭載されているCopilot、Microsoft 365に追加できるCopilotなどがあります。

Microsoft Copilot の種類

製品名	概要	主な役割	対象ユーザー	有料/無料
Copilot（旧称：Bing チャット）	会話型AIアシスタント	情報検索、タスク支援、質問応答	一般ユーザー	無料
Copilot in Windows	Windows OS 向けのAIアシスタント	システム操作支援、リソース最適化	Windowsユーザー	無料
Edge の Copilot	Microsoft Edge 向けのAIアシスタント	ウェブブラウジング支援、コンテンツ要約	Microsoft Edgeユーザー	無料
Copilot for Microsoft 365	法人向け Microsoft 365（Microsoft 365 Business Standard/Business Premium/E3/E5）向けの AI アシスタント	生産性向上、コンテンツ作成支援	Microsoft 365ユーザー	有料
Copilot Pro	個人向け Microsoft 365（Microsoft 365 Personal/Family）向けの AI アシスタント	生産性向上、コンテンツ作成支援	Microsoft 365ユーザー	有料

Microsoft 365 Copilot ／ Copilot Pro でできること

製品名	概要	主な役割	対象ユーザー
Copilot in Teams	Microsoft Teams 向けのAIアシスタント	会議支援、コラボレーション促進	Microsoft 365 Copilotのみ
Copilot in Outlook	Microsoft Outlook 向けのAIアシスタント	メール管理、スケジュール調整	Microsoft 365 Copilot/Copilot Pro
Copilot in Word	Microsoft Word 向けのAIアシスタント	ドキュメント作成支援、編集支援	Microsoft 365 Copilot/Copilot Pro
Copilot in PowerPoint	Microsoft PowerPoint 向けの AI アシスタント	プレゼンテーション作成支援、資料生成	Microsoft 365 Copilot/Copilot Pro
Copilot in Excel	Microsoft Excel 向けのAIアシスタント	データ分析支援、計算自動化	Microsoft 365 Copilot/Copilot Pro

※Copilot Pro は Microsoft Graph のデータを扱うことができない

Copilotとは

Keyword AIチャット／プロンプト／Bing

　Copilotは、ウェブサイトにアクセスして使用できるAIチャットツールです。ウェブサイトに接続するだけで、手軽に使用することができます。基本的な使い方は、画面下部にあるテキストボックスにCopilotに質問や指示などを行うプロンプトを入力し、送信するだけ。入力したプロンプトに応じてCopilotが回答します。

Copilotの画面。会話のスタイルを選択してチャットします。

> **Memo**
> Copilotはウェブサイトにアクセスして使用するため、ChromeやSafariなどさまざまなブラウザーから使用できるほか、携帯用のアプリも用意されています。

Copilot の特徴

　Copilotは、AIを活用して、文章の要約、コンテンツの生成、質問応答、文章の翻訳、画像の説明など、多様な機能を提供するほか、プログラミングのサポートも可能です。また、テキスト生成AIが苦手としている最新情報についても回答でき、情報ソースも表示します。そのため、事実に基づかない情報（ハルシネーション）を気にせず使用できます。

プログラミングの作成支援も可能です。ここでは、JavaScriptでゲームを作成しています。

Bing と組み合わせて使う

　AIチャット単体でも使用できますが、Microsoft Bing（ポータルサイト）の検索エンジンに統合されており、Bingの検索結果をCopilotで深掘りしていくといった使い方も可能です。

Copilotのチャットで知った情報の真偽を確かめたいとき、検索エンジンに切り替えて調べることができます。

Copilot in Windowsとは

Keyword Windows 10 ／ Windows 11 ／エクスプローラー

Copilot in Windowsは、Windows OSで利用できるAIアシスタント（2024年4月現在、プレビュー版）。Windows 10 / 11を最新版にアップデートすることで使用できるようになります。

Copilot in Windowsは、デスクトップに統合されたCopilotで、タスクバーのCopilotアイコンをクリックするか、⊞+Cを同時に押すことで起動します。Copilotが起動するとデスクトップの右側のサイドバーに表示されます。

ウェブで使用できるCopilot同様、画面下部にテキストボックスがあり、ここにプロンプトを入力して会話をしたり指示をしたりできます。

Windowsに統合されたCopilotを使用できます。

Copilot in Windows の特徴

Copilot in Windowsは、Copilot同様に質問に答えたり会話したりするだけではなく、「ダークモード」にしたり、「エクスプローラーを起動する」など、Windowsの設定を変更したり、アプリを起動したりすることができます。「デバイスを更新できない」、「オーディオが機能しない」といったトラブルシューティングでも活用可能です。

Copilot in Windows でできること

ダークモードを有効にする
スクリーンショットを撮る
デスクトップ壁紙を変更する
音量の設定を変更する
アプリケーションを起動する
ウィンドウをスナップする
利用可能なワイヤレスネットワークを尋ねる
システムやデバイスの情報を表示する
ストレージのクリーニングを行う
ごみ箱を空にする
スタートアップアプリを表示する
音声入力を開始する
「拡大鏡」を起動する
文字サイズを変更する　など…

Memo

執筆現在、Copilot in Windowsでは、アプリの終了やアプリ内のテキスト入力などには対応していません。できることは少ないですが、今後のバージョンアップでできることが増えていくでしょう。

Copilot for Microsoft 365とは

Keyword Word ／ Excel ／ PowerPoint ／ Outlook ／サブスクリプション

　「Copilot for Microsoft 365」は、Microsoft 365のアプリケーション群（Word、Excel、PowerPoint、Outlookなど）を通じて、ユーザーの作業を支援するAIアシスタント機能です。WordやExcelなどのアプリケーションから呼び出し、文書作成やデータ分析、プレゼンテーション作成などを行います。

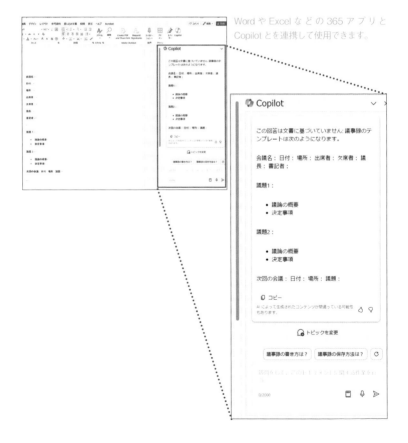

WordやExcelなどの365アプリとCopilotとを連携して使用できます。

Copilot for Microsoft 365 の特徴

Copilot for Microsoft 365 は Word アプリで開いているドキュメントの要約を作成したり、Teams で途中参加したオンライン会議のこれまでの議論や論点などを教えるなど、365 アプリと連携して使えます。Excel については、執筆時現在、英語のみの対応になっていますが、365 アプリから生成 AI を使うことで、生産性が大きく向上します。

なお、使用するには Microsoft 365 のサブスクリプションに加え、追加の料金がかかります。法人用の Copilot を使用する場合、Microsoft 365 のアカウントに Copilot 機能を割り当てる必要があります。

サブスクリプションを購入することで Copilot を使用できます。

マーケットプレースからサブスクリプションを購入できます。

Copilot in Edgeとは

`Keyword` Microsoft Edge ／チャット／作成

　Microsoftから提供されているウェブブラウザー「Microsoft Edge」から Copilotを使用します。Edgeの最新版にアップデートし、画面右上のCopilot アイコンをクリックすると「チャット」画面が開きます。他のCopilotと同様に このチャット画面下部のテキストボックスに入力することで、生成AIに質問 したり会話したりできるようになっています。

Copilot in Edge の特徴

　Copilot in Edgeには、「チャット」のほか、「作成」機能が用意されています。 テキストを生成する際のテンプレートとして活用できるので、指示に合わせて 文章や箇条書き、メールの本文など簡単に生成することができます。また、文 章のトーンや文章の長さを調整することもできるので、生成AIの初心者でも 満足がいくテキストを生成することができます。

　ウェブメールやウェブで動作するMicrosoft 365アプリなどを使う際に、 Copilotを表示しておけば、生産性は大きく向上します。

Microsoft Edge のサイ ドバーから Copilot を使用で きます。

第 2 章

Copilotを使ってみよう

ここでは「Copilot」の操作と、
基本的な6つの使用例、ノートブックの
使い方について、簡単に解説します。

Copilotの基本操作

Keyword 会話型アシスタント／会話スタイル／トピック

　Copilot は AI 技術を活用した会話型アシスタントで、さまざまな質問や話題についての回答や会話ができます。誰でも簡単に利用できるようになっているので、使いながら覚えていきましょう。

画面の構成と使い方

　ここではウェブ版の Copilot（https://copilot.microsoft.com/）を例に解説します。

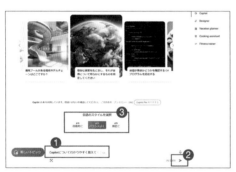

テキストボックス **1** に質問や依頼を入力し、▶ **2** をクリックします。なお、「会話のスタイルを選択」**3** すると、Copilot の会話のスタイルが変更されます。

回答が表示されます。

会話をし、情報を深掘りする

Copilotは会話を続けることで、情報を深掘りすることができます。また、会話の内容も覚えているので、質問に応じて話題になっているトピックの情報を提示します。

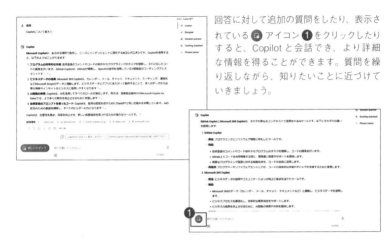

回答に対して追加の質問をしたり、表示されている ⓒ アイコン ❶ をクリックしたりすると、Copilotと会話でき、より詳細な情報を得ることができます。質問を繰り返しながら、知りたいことに近づけていきましょう。

新しいトピックを開始するには

Copilotと新たに会話を始める場合には、「新しいトピック」を選択します。

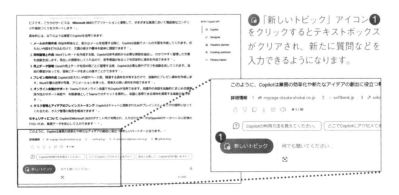

ⓒ 「新しいトピック」アイコン ❶ をクリックするとテキストボックスがクリアされ、新たに質問などを入力できるようになります。

情報を調べる

Keyword 出典／詳細情報

　Copilotは質問に対する適切な情報や答えを作成します。その際、あらかじめ学んだデータやインターネットの情報に即して回答を生成します。この使い方を覚えておけば、幅広いトピックに対して効率的に情報を収集する手段として活用できます。

情報を調べる

　知りたい情報をCopilotに尋ねます。「……について教えて」というように指示すれば、効率的に情報を得ることができます。

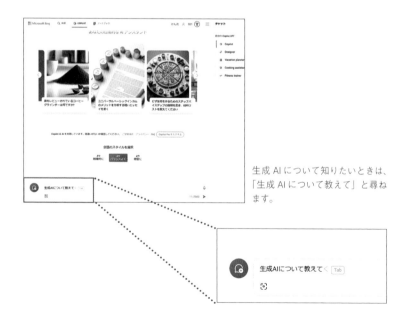

生成AIについて知りたいときは、「生成AIについて教えて」と尋ねます。

出典を確認する

インターネットの情報を元にした情報については出典が表示されます。「詳細情報」を参照することで内容の正確性を確認できます。

それぞれの回答に対応した出典（詳細情報）が表示されます❶。

出典表示があるセンテンスにマウスオーバーすると、情報元のページ名が表示されるので、リンク❷をクリックすると、出典元のサイトを表示できます。

文章を作成する

Keyword タイトル／小見出し／骨子

　Copilotは AI技術を駆使して文章を生成します。簡単な質問や要望を投げかけることで、それに応じた適切な文章を生成します。あらかじめ骨子を用意しておけば、その流れに沿って文章を作成することもできます。

文章を作る

　出来事や現象など、知りたいことについて解説してもらいたいときはCopilotに「…について書いて（説明して）」などと指示します。たとえば、「オリンピックの歴史について簡単に書いて」と指示すれば、オリンピックの歴史や概要などを解説する文章が生成されます。

オリンピックの歴史が知りたいときは、「オリンピックの歴史について（簡単に）書いて」と指示します。

骨子を用意して文章を作る

　文章を書いてもらう際、あらかじめタイトルや見出し、リストなどの骨子を作っておけば、その流れに沿って文章を作成します。長文を作成する際は、骨子を決めてから文章作成を指示しましょう。

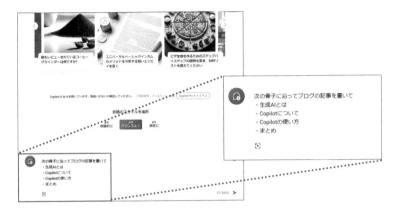

より完成形に近い形で文章を書いてほしいときは、骨子を提示して指示します。

文章を要約する

Keyword 要約／論点／把握

　Copilotは、指定した文章を要約することができます。文章を要約することで短時間で内容を把握できるようになり、文章の論点も明らかになります。膨大な情報から効率よく情報収集したいときは要約機能を活用しましょう。

文章を要約する

　文章の内容を把握したいときには、Copilotに「要約して」と指示します。長い文章（2000字まで。本章 Sec.08参照）を要約する際には、行頭に「次の文章を要約して」と指示した後、要約する文章をテキストボックスに貼り付けます。

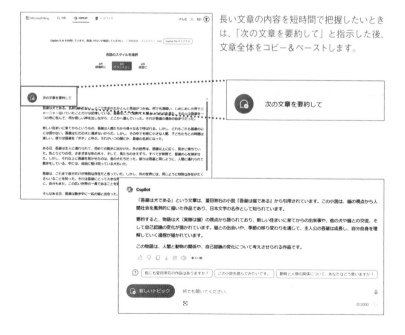

長い文章の内容を短時間で把握したいときは、「次の文章を要約して」と指示した後、文章全体をコピー＆ペーストします。

ニュースを要約する

今日何があったのかを素早く把握するには、ニュースを要約するのがおすすめ。Copilotに「今日のニュースを要約して」と指示すれば、今日のニュースを簡単に把握できます。

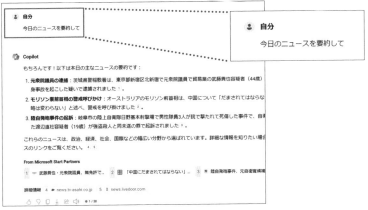

今日のニュースや指定した期間や分野のニュースの要約を作成できます。

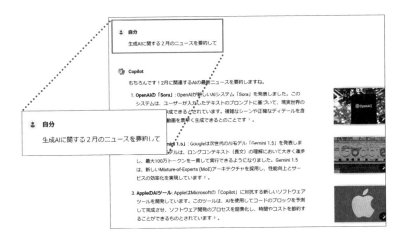

アドバイスをもらう

Keyword アドバイス／提案／壁打ち

「仕事のアイデアが浮かばない」、「次に何をすればいいかわからない」など悩んでいるときにも、Copilotは役立ちます。Copilotに自分が抱えている課題や悩みについて質問・相談することで、自分だけでは気づけなかった新しい視点を見つけられるかもしれません。

アドバイスをもらう

頭の中だけで考えていてもまとまらず、解決策が見つからないことがあります。Copilotを使えば、客観的な視点からアドバイスや提案をしてくれるので、新たな発見や気づきを得られるかもしれません。

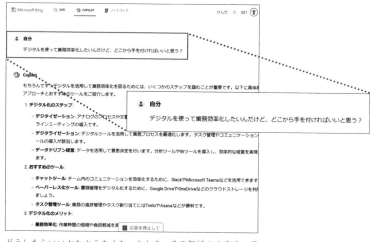

どうしたらいいかわからなくなったとき、その気持ちを率直に書けばアドバイスや提案を受けることができます。

「壁打ち」に使う

Copilotと会話しながら、自分の考えを整理することができます。Copilotに「この機能を実現するにはどうすればいいのか」というように質問しながら考えを整理することで、解決策につながることもあります。Copilotは関連の質問なども自動生成するので、効率的に壁打ちすることができます。

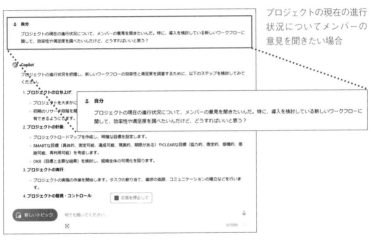

プロジェクトの現在の進行
状況についてメンバーの
意見を聞きたい場合

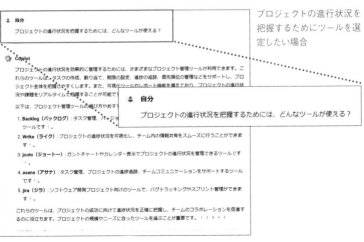

プロジェクトの進行状況を
把握するためにツールを選
定したい場合

翻訳する

Keyword 翻訳する／DeepL／文章のトーン

　Copilotは翻訳も得意です。翻訳したい文章を入力し、翻訳先の言語を指定すれば、意味を保ったままで適切な翻訳を生成します。わざわざDeepLなどの翻訳サービスを使わなくてもいいので便利です。

さまざまな言語に翻訳する

　「○○を次の言語に翻訳して」と指示すると、文章を翻訳して表示します。Copilotは、多くの言語に対応しているので、翻訳したい言語を指示します。

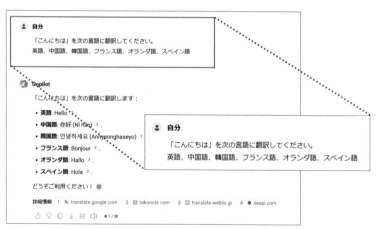

日本語を特定の言語に翻訳したい場合は、まずその言葉を
書き、次に翻訳したい言語を指定します。

翻訳した文章のトーンを変更する

翻訳するときに文章のトーンを変えたいときは、そう指示すればシーンにあった翻訳ができます。ビジネスシーンに合わせたトーンにしたり、カジュアルなトーンに変えたりしてみましょう。

①まず日本語で文章を作り、英語に翻訳するよう指示します。

②次に英文をビジネスシーンに合ったトーンに変えるよう指示します。

画像を生成する

`Keyword` ディテール／タッチ／イラスト

Copilot は、「○○を描いて」とプロンプトで指示することで画像を生成することもできます。たとえば、「王冠をかぶったライオンが踊っているイラストを描いて」というように指示すれば、王冠をかぶったライオンが踊っているイラストが生成されます。

画像を生成する

Copilot に「○○のイラストを作成して」と画像の生成を依頼すると指示からイメージされる画像が生成されます。具体的に指示すれば、よりイメージにあった画像を生成できます。

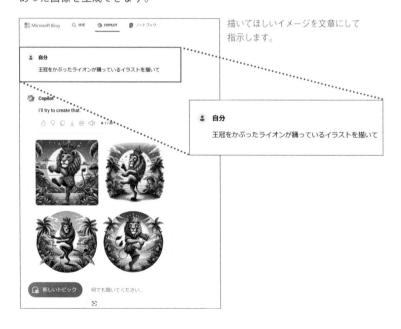

描いてほしいイメージを文章にして指示します。

画像を調整する

　生成した画像に対してディテールの変更や要素の追加をリクエストすると、生成される画像を微調整することができます。

中世のヨーロッパ風の背景と、騎士や部下の動物を追加でリクエストします。

さらに「日本のアニメ風のタッチにして」などと指示することで、さまざまな方向で画像の調整が可能です。

Memo
ChatGPT同様、Copilotで画像を描く場合は、DALL-E3という画像生成AIを使います。

ノートブックの使い方

Keyword ノートブック

　Copilot（旧 Bing Chat）のプロンプトに入力できる文字数は2000字までです。それより長いプロンプトを入力するには「ノートブック」を使用します。ここでは、ノートブックの使い方を紹介します。

ノートブックの画面構成

　ノートブックを開き、左側の枠にプロンプトを入力すると、右側の枠に回答が表示されます。長文のプロンプトを入力できるので、テキストの要約や添削に使うことができます。

❶ プロンプトを入力する

❷ 回答が表示される

❸ 新しいトピックにする

❹ プロンプトを送信する

❺ 画像を追加する

❻ マイクを使用する

ノートブックにアクセスする

　ノートブックにアクセスするには、Copilotのウェブページにアクセスし、「ノートブック」タブをクリックします。

Copilot の ウェブサイトにアクセスし、「ノートブック」をクリックします。

ノートブックが
開きます。

Memo

ノートブックは1万8000字までプロンプトを入力できますが、チャットで指示することができません。1回の指示で十分な回答が得られない場合、プロンプト自体を修正する必要があります。

ノートブックでテキストを添削する

Keyword 添削／PDF／エクスポート

ノートブックを使えば、1万8000字のプロンプトを入力できます。プロンプトを含めてこれ以下の文字数であれば、テキストを添削できます。

添削する

ノートブックの左側の枠にプロンプトを入力すると、右側の枠に回答が表示されます。長文のプロンプトを入力できるので、テキストの要約や添削に使うことができます。

プロンプト入力の1行目に「次の文章を添削して」と入力して、添削したい文章を貼り付けたあと、▶をクリックしてプロンプトの内容を送信します。

プロンプトの指示に応じて、Copilot が添削した内容が表示されます。この例では、添削箇所が太字で表示されています。

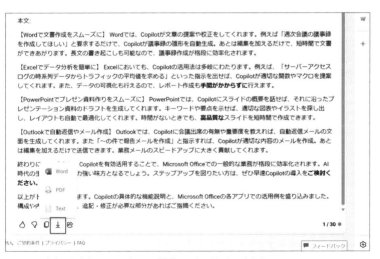

Copilot の出力した内容は Word や PDF 形式にエクスポートできます。

細かく指示する

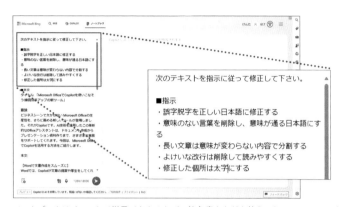

ノートブックはチャットで指示できませんが、箇条書きなどを使うことで、Copilot に細かく指示することができます。ここでは、「次のテキストを指示に従って修正して下さい。／■指示／・誤字脱字を正しい日本語に修正する／・意味のない言葉を削除し、意味が通る日本語にする／・長い文章は意味が変わらない内容で分割する／・よけいな改行は削除して読みやすくする／・修正した個所は太字にする」と指示をしています。

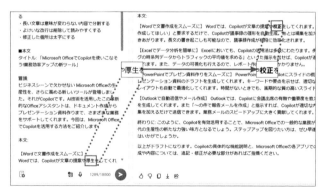

指示に応じた回答が表示されます。プロンプトを工夫することで、さまざまな用途で活用できます。

Memo

ノートブックで細かい指示をする場合、箇条書きなどを使い、指示を明確にしましょう。

第 **3** 章

WindowsやEdgeで
Copilotを使う

CopilotはWindowsやMicrosoft Edgeに標準で
搭載されています。ここでは、それぞれのCopilotの
使い方を紹介します。

Copilot in Windowsの画面と使い方

Keyword Copilot in Windows ／サジェスチョン／スクリーンショット

Copilot in Windowsは、Windows OSと連携した対話型AIアシスタントです。Copilot in Windowsを起動すると画面横にサイドバーが表示され、そこからCopilotを使用できます。テキストボックスにさまざまな質問や話題などのトピックを入力することで、回答を得たり会話したりすることができます。

画面の構成と使い方

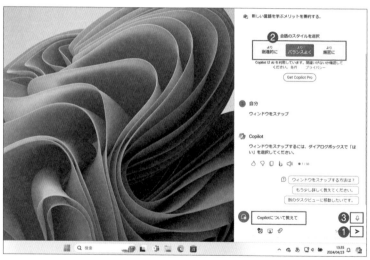

テキスト入力ボックスに質問などを入力し❶、➤アイコンをクリックします。Copilotとの会話のスタイルを変更する場合には、「会話のスタイルを選択」❷欄にある「より創造的に」「よりバランスよく」「より厳密に」の中から適したスタイルを選択します。Copilotでは音声入力❸も使えます。また、画像やスクリーンショットを追加し、質問することもできます。

サジェスチョンを活用する

　Copilotの回答の下には、さらに回答を深掘りできるサジェスチョンが表示されます。サジェスチョンを選択すると、より深い情報を知ることができます。

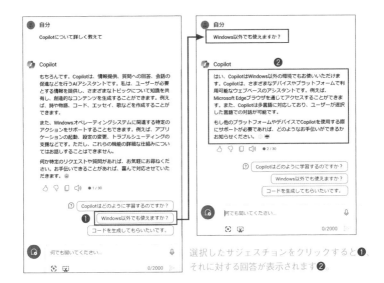

選択したサジェスチョンをクリックすると❶、
それに対する回答が表示されます❷。

応答を停止する

　間違えてCopilotに質問・指示をしてしまった場合、「応答を停止して」をクリックすると、回答するまで待たなくても応答を中止できます。

Copilot が回答を生成中に
「応答を停止して」をクリッ
クします。

Copilot in Windowsを使えるように準備する

Keyword　Windows 11 バージョン 23H2 ／ Windows Update ／ショートカット

　Copilot in Windowsを使うには、Windows 11 バージョン 23H2、または、Windows 10　バージョン22H2以降のWindowsを使う必要があります（本書ではWindows 11 バージョン23H2を使ってCopilot in Windowsの解説をしていきます）。これより古いバージョンのWindowsを使っている場合は、Windowsを最新版に更新しましょう。

Windows Update を使って最新版にアップデートする

Windows Update を使って Windows を最新版に更新します。

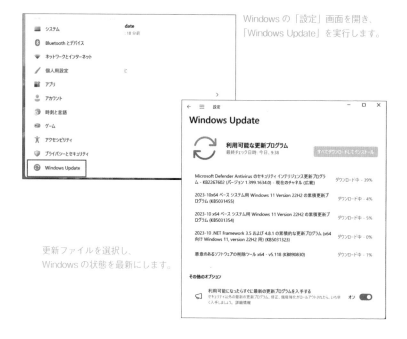

Windows の「設定」画面を開き、「Windows Update」を実行します。

更新ファイルを選択し、Windows の状態を最新にします。

Copilot in Windows を起動する

　最新版のWindowsにはタスクバーにCopilotアイコンが追加されます。アイコンをクリックするか、⊞+Cのショートカットでcopilotが起動します。

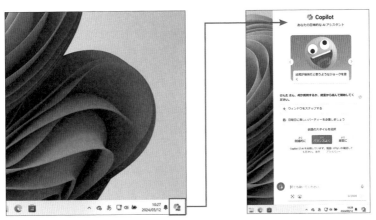

タスクバーにある Copilot アイコンをクリックすると Copilot のウィンドウが開きます。

タスクバーの設定でオン / オフを切り替える

　Copilot in Windows は「個人設定」→「タスクバー」からオン/オフを設定することができます。Copilotが表示されない場合には、この設定でCopilotをオンにします。

Copilot in Windowsを使って ダークモードに切り替える

Keyword ダークモード／ライトモード／無効にする

Copilotを使ってWindowsの設定を変更することができます。画面の配色を切り替えるダークモード／ライトモードに変更する方法を紹介します。周りの環境によってダークモード／ライトモードに切り替えることで、画面の見やすさを確保します。

ダークモードをオンにする

Copilotに「ダークモードをオンにする」と指示します❶。確認画面が表示されるので「はい」を選択する❷と、ダークモードに切り替わります。

「ダークモードをオンにする」と指示をすると
ダークモードに切り替わります。

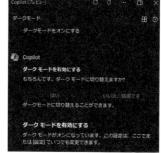

ライトモードをオンにする（ダークモードを無効にする）

ライトモードに変更するには、「ダークモードを無効にする」と指示します❶。確認画面が表示されるので「はい」を選択する❷と、ライトモードに切り替わります。

「ダークモードを無効にする」と指示するとダークモードが解除され、ライトモードに切り替わります。

設定アプリを開く

「設定アプリを開く」と指示すればCopilotから「設定」アプリを開くこともできます。Windowsのさまざまな設定を行う際に便利です。

Copilot in Windowsを使って壁紙を変更する

Keyword 壁紙／個人設定／背景

Copilotを使ってデスクトップの壁紙を変更することもできます。気分を変えたいときは壁紙を変更してはいかがでしょうか。

壁紙の変更を指示する

Copilotに「壁紙を変更して」と指示をすると「個人設定」の「背景」を設定する画面が表示されます。

Copilotに「壁紙を変更して」と指示します。

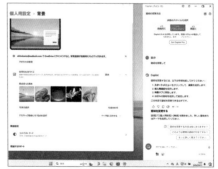

「個人設定」→「背景」のウィンドウが起動します。

Windows で壁紙を変更する

設定画面を開き、Windowsの背景（壁紙）を変更していきます。画面を確認しながら背景をカスタマイズしていきましょう。

「背景」ウィンドウが開くので、壁紙を変更していきます。

背景は「画像」のほか、「単色」や「スライドショー」なども選択できます。

47

Copilot in Windowsを使って音量を変更する

Keyword ミュート／サイレントモード／オーディオ

音量を調整する際もCopilotを使えます。Copilotを使えば、マウスを使って細かく調整しなくても適切な音量にすることができます。ここでは、Copilotで「音量を上げる」「音量を下げる」「ミュートする」方法を紹介します。

音量を変更する

まずは、音量を変更する方法を紹介します。Copilotで音量を上げるには「音量を上げて」と指示し、下げる場合には「音量を下げて」と指示します。

「音量を上げて」と指示をすると音量を上げることができます。

「音量を上げますか？」と聞かれるので、「はい」をクリックすると音量を調整できます。さらに音量を上げる場合には、追加で「もっと音量を上げて／下げて」というように指示します。

ミュートする

　急な来客や電話着信時など、PCの音量をミュートする場合にもCopilotが使えます。Copilotに「ミュートして」と指示すると、すぐに音が聞こえなくなります。ミュートを解除する場合には「ミュートを解除して」や「音量を調整して」と指示します。

Copilotに「ミュートして」と指示します。

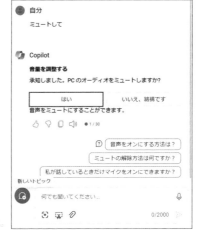

確認画面が表示されるので、「はい」を
クリックすると音声がミュートされます。

Memo

Copilot in Windowsで「スクリーンショットを撮る」と指示すると、
Snipping Toolを使って画面を撮影できます。

Copilot in Windowsを使ってアプリケーションを起動する

Keyword アプリケーション／ペイントアプリ／メモ帳

Copilot in Windows を使って、Windowsアプリを起動することができます。Copilotのテキストボックスに「ペイント（アプリ）を開いて（起動して）」というように指示を入れると、指定したアプリが起動します。

アプリを起動するよう指示する

Copilotでアプリを起動するには、「○○を開いて」というように指示するだけです。煩わしいメニュー操作から解放され、作業効率が大幅に向上します。

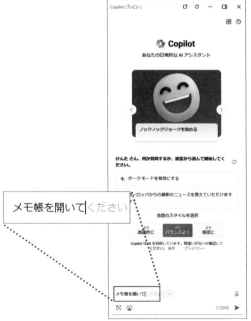

「メモ帳を開いて」「ペイントを開いて」といったようにアプリ名を指定し指示します。

アプリを開く

依頼したアプリが起動する前に、Copilotが該当のアプリを開いていいか問い合わせてきます。問題がない場合は「はい」を、起動したくない場合には「いいえ」を選択します。

Copilot に指定したアプリを開いてよいか確認されます。ここでは「はい」を選びます。

指定したアプリが
起動しました。

> **Memo**
>
> MicrosoftのアナウンスによればWindowsの標準アプリにも生成AIの機能が搭載される予定となっています。執筆時点では確認できませんでしたが、今後さらなる機能拡充が見込まれます。

Copilot in Windowsを使って適切なアプリを起動する

Keyword アプリ／メモアプリ／ペイントアプリ／フォトアプリ

Windowsには、メモ帳やペイントアプリなどさまざまなアプリが搭載されています。Copilotを使えば、目的に応じた適切なアプリを起動することができます。

目的に合ったアプリを起動する

「お絵かきしたい」、「メモをとりたい」など目的は明確なのに、それを実行するアプリの名前が分からないことがあります。そんなときもCopilotが便利です。「○○を行うアプリを起動して（開いて）」と、目的を伝えることで適切なアプリが起動します。

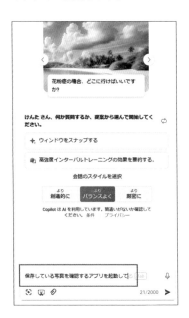

「保存してる写真を確認するアプリを起動して」といったように目的などを伝えることで適切なアプリを起動できます。

ウィンドウを整理する

　複数のアプリが開いていると、ウィンドウが重なって見えにくいことがあります。そういった場合には、Copilotで「ウィンドウをスナップする」と指示すると、ウィンドウがスナップされ見やすくなります。

アプリが開いている状態で「ウィンドウをスナップ」と入力します。

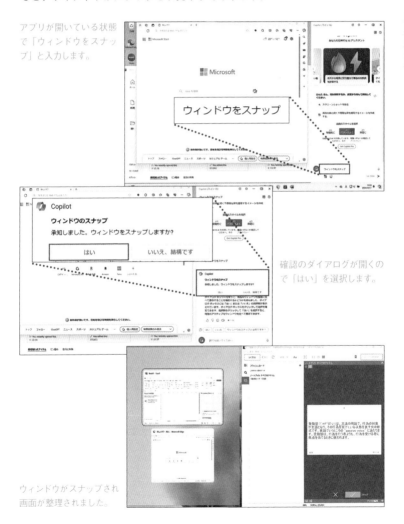

確認のダイアログが開くので「はい」を選択します。

ウィンドウがスナップされ画面が整理されました。

アプリの使い方を調べる

アプリの使い方が分からない場合、Copilotに使い方を尋ねることもできます。「○○アプリの使い方を教えて」とプロンプトを入力し、詳しい使い方を調べましょう。

「フォトアプリの使い方を教えて」と指示すると、その使い方が表示されます。初めて使うアプリでも説明を参考にしながら使うことができます。

Copilot

Windowsのフォトアプリは、写真や動画の管理、編集、アルバム作成などができる便利なアプリです。以下に基本的な使い方をご紹介します。

1. **フォトアプリの起動:**
   - スタートメニューから「フォト」を選択するか、検索ボックスに「フォト」と入力してアプリを開きます。

2. **写真や動画のインポート:**
   - アプリの右上にある「インポート」をクリックして、PC内のフォルダーや接続しているデバイスから写真や動画をフォトアプリに追加します。

3. **アルバムの作成:**
   - 複数の写真を選択し、「追加」をクリックして「新しいアルバム」を選ぶことで、テーマ別にアルバムを作成できます。

4. **写真の編集:**
   - 写真を選択し、「編集と作成」をクリックすると、トリミング、フィルターの追加、色調の調整などの編集機能を利用できます。

5. **動画の編集:**
   - 「ビデオエディター」を使用して、動画のトリミング、結合、テキストの追加、BGMの設定などが行えます。

6. **スライドショーの作成:**
   - アルバム内の写真からスライドショーを作成し、音楽をつけたり、順番を変更したりすることが可能です。

これらの機能を使って、あなたの写真や動画をより魅力的に管理し、共有してみてください。 1 2 3 4 。

Memo

Copilotは現在プレビュー版で提供されており、できることも限られています。今後、アップデートすることで、より便利になるでしょう。

OneDrive に保存しているファイルから 必要な情報を検索する

　法人ユーザーが契約できる Copilot for Microsoft 365 は、OneDrive や SharePoint に保存されているファイルのデータを活用し、情報を検索することができます。

　これまで社内のドキュメントや資料を探す際には、どのフォルダにどのデータが保存されているかを把握しておく必要がありました。しかし、Copilot は AI を活用して、ファイルの内容から関連する情報を自動的に抽出します。プロンプトを入力するだけで、関連するドキュメントや調べたい情報がすぐに見つかるのです。

　過去のプロジェクト資料や議事録からも関連する情報が抽出されるため、効率的な情報収集が可能になります。社内のナレッジを最大限に活用できるだけでなく、時間の無駄も省けるでしょう。

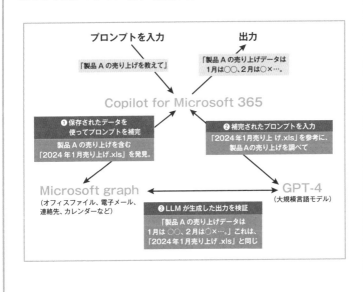

EdgeのCopilotの
画面と使い方

Keyword Microsoft Edge ／ウェブブラウザー／プロンプト

Microsoft Edge（以下Edge）搭載のCopilotは、ウェブブラウザ―Edgeに搭載されたAI機能のこと。Copilot in Windowsと同様に質問や会話などもできますが、Edgeで開いているウェブページの情報を要約したり、「作成」機能を使うことで、さまざまなテキストを簡単に生成することもできます。まずはEdgeのCopilotの基本的な使い方を紹介します。

画面の構成と使い方

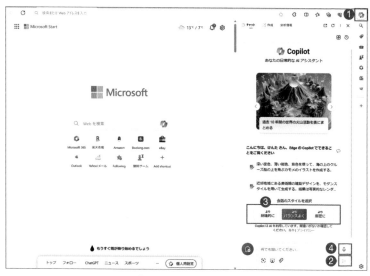

右上のアイコンをクリックすると❶、サイドバーにCopilotが表示されます。テキスト入力ボックスに質問などを入力し、➤アイコンをクリックします❷。Copilotとの会話のスタイルを変更する場合には、「会話のスタイルを選択」欄❸にある「より創造的に」「よりバランスよく」「より厳密に」の中から適したスタイルを選択します。Copilotは音声入力❹に対応しているほか、画像やスクリーンショットを追加し、質問することもできます。

プロンプトを入力する

Copilotと会話したり指示をしたりするにはテキストボックスに質問や指示を入力します。マイクアイコンをクリックすると音声で指示することもできます。

プロンプトに応じて、
Copilotが回答を提示します。

プロンプトに画像やファイルを追加するには、テキスト入力ボックスの下部にあるアイコン 🔘 をクリックします ❶。
画像については、URLを指定して追加することも可能です ❷。

EdgeのCopilotで
検索や調べものをする

Keyword 出典元／トピック

　EdgeのCopilotを活用することで、検索や調べものをよりスムーズに行うことができます。生成AIが出力するテキストは、ウソが混じることがありますが、Copilotの場合、その情報の出典が表示され、真偽を確認しやすくなっています。

情報を調べる

　Copilotにキーワードを入力すると、関連する情報が表示されます。さらに、そのウェブページの要約や、関連する追加情報も提示されるので、効率的に必要な情報を収集できます。

「空が青い理由」など、知りたいことや指示をテキストボックスに入力し、送信すると、その回答が表示されます。

出典を調べる

生成AIは、事実とは異なる回答をすることがあります。Copilotは、検索した情報の出典が提示されるので、事実確認の際に役立ちます。

Copilotが生成した情報に「出典」が表示されることがあります。詳細情報については出典元で調べることができます。

ニュースの要約を表示する

今日のニュースを簡単に把握したいときもCopilotが役立ちます。「今日のニュース（トピックス）を教えて」と入力すれば、要約されたニュースが表示されます。

Copilotはインターネットの最新情報も表示できます。「今日のニュースを教えて」と指示すれば、今日報道されたニュースを選んで表示します。

EdgeのCopilotを使って ウェブページの内容を要約する

Keyword ブラウザー／ウェブページ／要約

EdgeのCopilotを使うと、ブラウザーで開いているウェブページの内容を要約することができます。ここではその方法を紹介します。

Copilotを使って閲覧しているウェブページの要約を作る

ウェブページに書かれている文章を読んでも、その内容が把握できないことがあります。そういうときはEdgeのCopilot機能で要約を作成しましょう。Edgeでウェブページを開き、Copilotに「このウェブページを要約して」と依頼すると、ウェブページの内容の要約が表示されます。

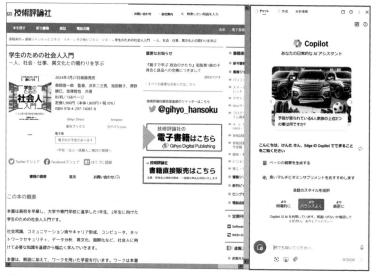

要約したいウェブページをEdgeで開き、EdgeのCopilotを開きます。

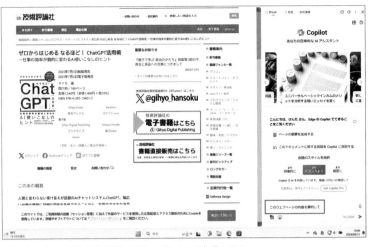

「このウェブページの内容を要約して」と Copilot に指示します。

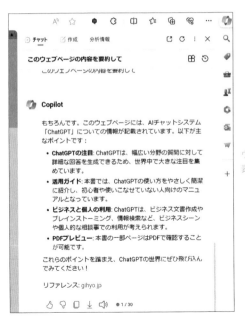

ウェブページの内容が要約され、
表示されます。

Copilot in Windows でウェブページの要約をする

Edge の Copilot と Copilot in Windows とを連携させることで、Edge で表示されているウェブページの情報を Copilot in Widows で扱えるようになります。

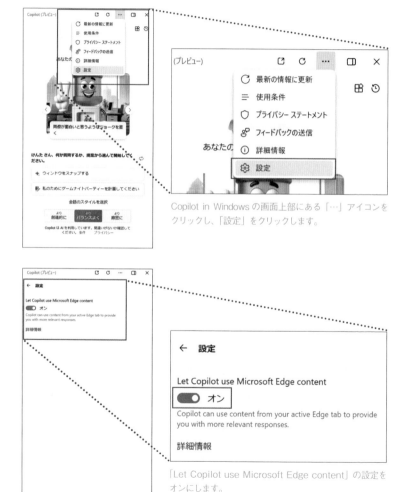

Copilot in Windows の画面上部にある「…」アイコンをクリックし、「設定」をクリックします。

「Let Copilot use Microsoft Edge content」の設定をオンにします。

紙面版 電脳会議 DENNOUKAIGI 一切無料

今が旬の書籍情報を満載してお送りします!

『電脳会議』は、年6回刊行の無料情報誌です。2023年10月発行のVol.221よりリニューアルし、A4判・32頁カラーとボリュームアップ。弊社発行の新刊・近刊書籍や、注目の書籍を担当編集者自らが紹介しています。今後は図書目録はなくなり、『電脳会議』上で弊社書籍ラインナップや最新情報などをご紹介していきます。新しくなった『電脳会議』にご期待下さい。

大幅増ページでボリュームアップ!

◆ 電子書籍・雑誌を 読んでみよう！

技術評論社　GDP	検索

 で検索、もしくは左のQRコード・下の
URLからアクセスできます。
https://gihyo.jp/dp

1 アカウントを登録後、ログインします。
【外部サービス（Google、Facebook、Yahoo!JAPAN）
でもログイン可能】

2 ラインナップは入門書から専門書、
趣味書まで 3,500点以上！

3 購入したい書籍を 🛒 カート に入れます。

4 お支払いは「**PayPal**」にて決済します。

5 さあ、電子書籍の
読書スタートです！

● **ご利用上のご注意**　当サイトで販売されている電子書籍のご利用にあたっては、以下の点にご留意
■ **インターネット接続環境**　電子書籍のダウンロードについては、ブロードバンド環境を推奨いたします。
■ **閲覧環境**　PDF版については、Adobe ReaderなどのPDFリーダーソフト、EPUB版については、EPUB
■ **電子書籍の複製**　当サイトで販売されている電子書籍は、購入した個人のご利用を目的としてのみ、閲覧
ご覧いただく人数分をご購入いただきます。
■ **改ざん・複製・共有の禁止**　電子書籍の著作権はコンテンツの著作権者にありますので、許可を得ない

Software **D**esign も電子版で読める！

電子版定期購読が
お得に楽しめる！

くわしくは、
「**Gihyo Digital Publishing**」
のトップページをご覧ください。

🎁 電子書籍をプレゼントしよう！

Gihyo Digital Publishing でお買い求めいただける特定の商品と引き替えが可能な、ギフトコードをご購入いただけるようになりました。おすすめの電子書籍や電子雑誌を贈ってみませんか？

こんなシーンで…　　●ご入学のお祝いに　●新社会人への贈り物に
　　　　　　　　　　　　　●イベントやコンテストのプレゼントに　………

◉ギフトコードとは？　Gihyo Digital Publishing で販売している商品と引き替えできるクーポンコードです。コードと商品は一対一ーで結びつけられています。

くわしいご利用方法は、「**Gihyo Digital Publishing**」をご覧ください。

フトのインストールが必要となります。

刷を行うことができます。法人・学校での一括購入においても、利用者1人につき1アカウントが必要となり、

人への譲渡、共有はすべて著作権法および規約違反です。

電脳会議

紙面版

新規送付の
お申し込みは…

電脳会議事務局　　　　　　　　　　検　索

で検索、もしくは以下の QR コード・URL から
登録をお願いします。

https://gihyo.jp/site/inquiry/dennou

一切
無料！

「電脳会議」紙面版の送付は送料含め費用は
一切無料です。
登録時の個人情報の取扱については、株式
会社技術評論社のプライバシーポリシーに準
じます。

技術評論社のプライバシーポリシー
はこちらを検索。

https://gihyo.jp/site/policy/

技術評論社　　電脳会議事務局
〒162-0846　東京都新宿区市谷左内町21-13

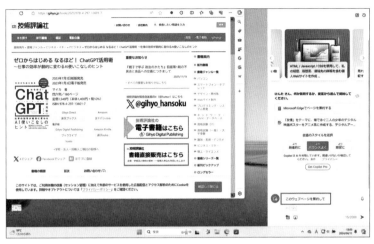

Edge でウェブページを開き、Copilot in Windows のテキストボックスに、「ウェブページを要約して」と指示します。

ウェブページの内容が Copilot in Windows で要約されます。

EdgeのCopilotの「作成」機能を使う

Keyword メール／SNS／ブログ

　EdgeのCopilotの「作成」機能を使うと、電子メールや文書を作成する際、適切な文章を提案してくれます。ここでは、EdgeのCopilotの「作成」機能について紹介します。

「作成」機能を使ってメールやSNSの記事を作る

　Edgeには文章作成を支援する「作成」機能があります。この機能を使えば、メールやSNS、ブログ記事などの文章を作成することができます。作成したい文章のジャンルを選び、簡単なキーワードを入力すると、Copilotが自動的に文章のドラフトを生成します。生成された文章は、そのままでも使えますが、編集機能で加筆・修正をすることもできます。

EdgeのCopilotを起動し❶、「作成」をクリックすると❷、「作成」画面が表示されます❸。

次に「執筆分野」にどういった文章を書いてほしいのか入力し❶、「トーン」❷
や「形式」❸、「長さ」❹を選択します。

執筆分野に「友だちにお誕生日のおめでとう
を伝える」と入力し、文章のトーンや形式を指
定します。

必要な設定をした後、「下書きの生成」をクリックしま
す。しばらく待っていると「プレビュー」欄に文章が
生成されます。

Memo

作成機能は、メールやブログ記事の執筆などを容易にします。ウェブメール
やワードプレスなどと組み合わせて使うといいでしょう。

EdgeのCopilotを使って SNS・ブログの投稿を作る

Keyword トーン／形式／ブログの投稿／ CMS

　EdgeのCopilotの「作成」機能を使って、SNSやブログの下書きを作る方法を紹介します。

ブログの投稿を作成する

　P.64を参考に「作成」を選択します。ブログなどのテキストを生成するには、「形式」で［ブログの投稿］を選びます。トーンは、［プロフェッショナル］、［カジュアル］などの中からブログの読者に合わせて選択するといいでしょう。

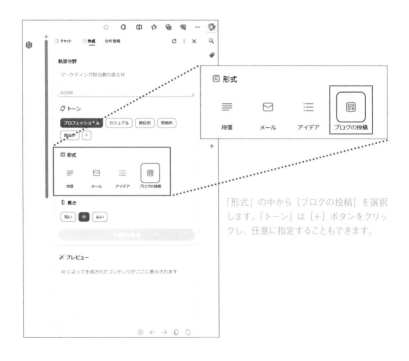

［形式］の中から［ブログの投稿］を選択します。「トーン」は［＋］ボタンをクリックし、任意に指定することもできます。

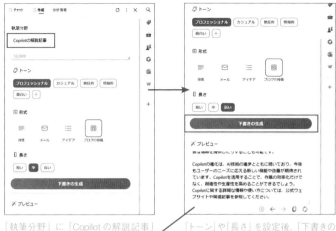

「執筆分野」に「Copilotの解説記事」などと記事の目的を入力します。

「トーン」や「長さ」を設定後、「下書きの生成」をクリックし、下書きを生成します。

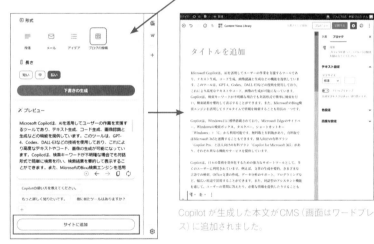

CMS（コンテンツマネジメントシステム）の入力画面にキャレットを移動したあと、Copilotの「サイトに追加」をクリックします。

Copilotが生成した本文がCMS（画面はワードプレス）に追加されました。

> **Memo**
>
> 文字数制限があるSNSなどの下書きを生成する場合、「執筆分野」のテキストボックスに「140文字以内」というように文字数制限を入力します。

67

Copilotの「作成」機能で
メールの下書きを作る

Keyword 形式／メール／下書きの生成／サイトに追加

　Edge の Copilot の「作成」機能を使って、メールの下書きを作る方法を紹介します。

メールの下書きを作る

　P.64 を参考に「作成」を選択します。メールの下書きを作成するには、「形式」で［メール］を選択し、執筆分野などを入力していきます。

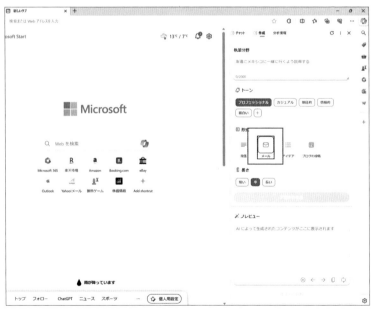

「形式」の中から［メール］を選択します。

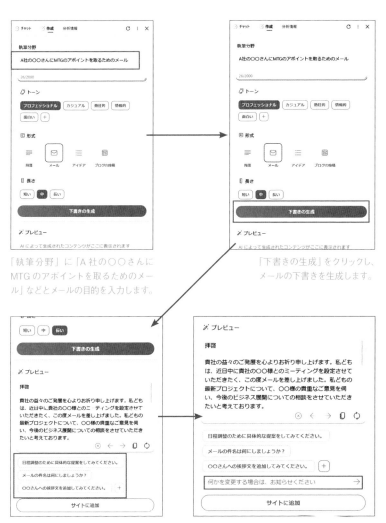

「執筆分野」に「A社の〇〇さんに MTGのアポイントを取るためのメール」などとメールの目的を入力します。

「下書きの生成」をクリックし、メールの下書きを生成します。

追加の指示や変更がある場合、プレビュー枠の下段にあるサジェスチョンを選ぶか［＋］をクリックします。ここでは［＋］をクリックします。

「何かを変更する場合は、お知らせください」と書かれたテキストボックスに追加の指示を入力し、文章を生成します。たとえば、「MTGの内容は新規プロジェクトのキックオフ」というように入力します。

Edge で Outlook などのメーラーを立ち上げ、メールの作成画面を開いたら、「サイトに追加」をクリックします。

下書きの内容がメールの作成画面に反映されます。

> **Memo**
>
> ウェブメールやブラウザーで利用できるメーラーを使っていない場合には、下書きの内容を「コピー」して、メールアプリにその内容をペーストすることもできます。

第 4 章

Microsoft 365で
Copilotを使う

ここではCopilot for Microsoft 365の使い方と、
個人ユーザーや法人ユーザーが使用する場合の
購入方法について解説します。

Copilot for Microsoft 365の使い方

Keyword Microsoft 365／自然言語処理／機械学習技術

Microsoft 365ユーザーであれば、有料のCopilotを導入することで、各アプリケーションの中からCopilotによるAI機能を使用することが可能になります（購入方法など詳細は後述）。

Copilot for Microsoft 365 について

Copilot for Microsoft 365 は、Microsoft 365アプリケーションに統合されたAIアシスタントのことです（第1章 Sec.02 参照）。この機能を使うことで、Microsoft 365の各アプリケーションにおける作業がより効率的に行えるようになります。

「Microsoft 365」アプリケーションの Copilot 画面。テキストボックスに入力し❶、▶アイコンをクリックします❷。旧 Bing Chat と同様に Copilot を使用できます。

Copilot をアプリの中から使う

Copilotは、Microsoft 365の各アプリケーション内からアクセスできます。Copilot（旧Bing Chat）やCopilot in Windows、EdgeのCopilotなど、他のCopilot同様にテキストによるさまざまな指示や対話を行うことができます。

Microsoft 365 アプリで Copilot を使用しているところ。Copilot と会話しながら知りたい情報を調べることができます。

Copilot Lab を利用する

Copilotを使うには有効なプロンプトを入力する必要があります。Microsoftが Copilotの情報を提供している「Copilot Lab」（https://copilot.cloud.microsoft/ja-JP/prompts）を利用すれば、リストから必要なプロンプトを選択できます。

「すべてのプロンプトの表示」をクリックすると、Copilot Lab のプロンプト一覧が表示されます。

個人ユーザー向けの
Copilot Proを購入する

Keyword Copilot Pro ／サブスクリプション

Microsoft 365アプリでCopilotを使うには、個人向けのCopilot Proか、ビジネス向けのMicrosoft Copilot for Microsoft 365を購入する必要があります。ここでは、個人ユーザー向けのCopilot Proの購入方法について紹介します。

個人向けの Copilot Pro を購入する

Microsoft 365 Personal または Family ユーザーは、個人向けのCopilot Proを購入します。Microsoft 365 Business Standard、Microsoft 365 Business Premiumを使用しているユーザーはビジネス向けのMicrosoft Copilot for Microsoft 365を購入して下さい。

Microsoft の Copilot のサイト（https://www.microsoft.com/ja-jp/microsoft-copilot）にアクセスし、「製品」→「家庭向け」→「Microsoft Copilot Pro」の順にクリックします。

Copilot Pro のサイトから「無料試用版を開始する」をクリックします。

アカウントを選択後、支払い方法を入力し、サブスクリプションを購入します。試用期間が過ぎると、サブスクリプションが決済されます。

法人ユーザー向けCopilot for Microsoft 365を購入する

Keyword アドイン／管理センター／マーケットプレース／ライセンス

法人向けのMicrosoft 365でCopilotを使うには、Microsoft Copilot for Microsoft 365を購入し、ユーザーに割り当てる必要があります。ここでは、購入方法と割り当て方法について紹介します。

ビジネス向けの Copilot を購入する

Microsoft 365 Business Standard、Microsoft 365 Business Premiumのユーザーは、ビジネス向けのMicrosoft Copilot for Microsoft 365を購入します。Microsoft 365のアドインとして提供されるので、管理者が購入などの作業をする必要があります。

Microsoft 365 管理センターを開き、「マーケットプレース」をクリックします。

マーケットプレースが開くので「Microsoft Copilot for Microsoft 365」を選択します。

必要なライセンス数やサブスクリプションの種類を選択し、ライセンスを購入します。

内容を確認し購入手続きを進めます。

ライセンスを購入したら、「新しいサブスクリプションを管理する」をクリックします。

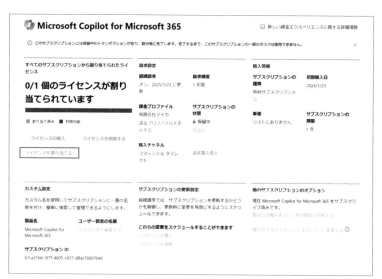

「ライセンスを割り当てる」をクリックし、購入したライセンスをユーザーに割り当てていきます。

「ライセンスの割り当て」をクリックし、割り当てるユーザーを指定し、ライセンスを割り当てます。

「ライセンスの詳細」画面を開くと、指定したユーザーに Microsoft 365 Copilot のライセンスが割り当てられていることが確認できます。

Copilot Pro と Copilot for Microsoft 365 の違い

　有料版 Copilot とひと言で言っても、個人ユーザー向けの Copilot Pro とビジネス（法人）ユーザー向けの Copilot for Microsoft 365 が提供されています。ここではそれぞれの違いについて説明します。

大きな違いは価格と対象アプリ

　Microsoft 365 アプリで活用できる AI 生成ツール「Copilot」には、ビジネス向けと個人向けの2つのプランがあります。それぞれ、チャットベースでのテキスト生成などができますが、価格や対象アプリなどで大きな違いがあります。

　ビジネス向けの Copilot for Microsoft 365 は、個人向け Copilot Pro に比べて対象アプリの範囲が広く、Microsoft Graph のデータを活用した高度な回答生成が可能です。一方で、Pro の方が料金は安価で月次払いも選べるため、用途に合わせて適切なプランを選ぶことをおすすめします。

	Copilot Pro（個人向け）	Copilot for Microsoft365（ビジネス向け）
月額料金	3,200 円（月次払い可能）	4,497 円（年間契約のみ）
対象アプリ	Outlook、Word、Excel、PowerPoint、OneNote	Outlook、Word、Excel、PowerPoint、OneNote、Teams、Loop など Microsoft 365 サービス全般
その他	———	One Drive や SharePoint 上の文書を参照して回答を生成可能

第 5 章

OutlookのCopilot

ここからはMicrosoft 365のアプリケーションで、
Copilotがどのように活用できるのかを紹介して
いきます。本章ではOutlookのCopilotについて、
その操作方法などを解説します。
なお、以降の解説はCopilot for Microsoft 365を
用いて行っています。

OutlookのCopilotを使って
メールの下書きを作成する

Keyword 下書き／トーン／長さ／翻訳

　OutlookのCopilotは、メール処理の効率化やミスの防止に役立つさまざまな機能を備えています。ここではOutlookのCopilotについて詳しく説明していきます。

Outlook で Copilot を使う

　新規メールや返信メールを作成する際、Copilotを活用しましょう。ここでは「Copilotを使って下書き」機能を使って、メールの本文の下書きを生成する方法を紹介します。

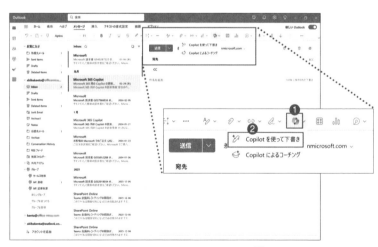

Outlookのメール作成画面で「Copilot」アイコンをクリックし❶、「Copilotを使って下書き」を選択します❷。

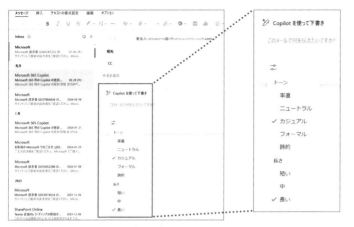

Copilotのテキストボックスに、プロンプトを入力します。
画面下のアイコンをクリックすることで生成する文章のトーンや長さを設定できます。

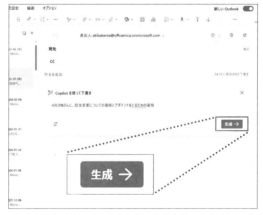

プロンプトにメールを出す相手や目的などを入力し、「生成→」
ボタンをクリックします。

Memo

OutlookのCopilotは、職場または学校のアカウント、およびOutlook.com、
hotmail.com、live.com、msn.comのメールアドレスを使用するMicrosoft
アカウントのみをサポートしています。

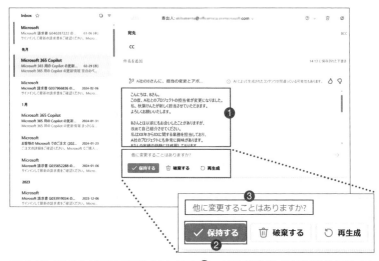

プロンプトに応じた内容の文章が生成されました❶。内容に問題がなければ「保持する」をクリックします❷。内容を変更する場合には「再生成」を、追加のプロンプトを入力する場合には「他に変更することはありますか」と表示されているテキストボックスに入力します❸。

プロンプトで指示した内容のメールの下書きが生成されました。Outlook で編集した後、メールを送信します。

生成するメールの本文を英語に翻訳する

外国人にメールを出す場合、本文を翻訳する必要があります。Copilotを使えば、生成する文章を他の言語に翻訳することもできます。

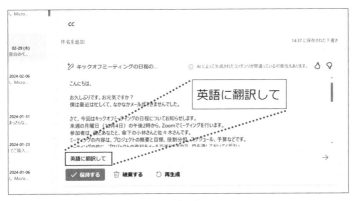

文章を生成した後、追加で「英語に翻訳して」と指示します。

翻訳された文章が表示されます。必要に応じて文章のトーンなど調整することもできます。

Memo

GmailやYahooメール、iCloudなどのアカウントを使用しているMicrosoftアカウントは、Outlookは使用できるものの、Copilot機能は使えません。

作成した文章を
Copilotを使ってリライトする

Keyword リライト／言い回し／コーチング

　作成途中のメールの本文を修正したいときは、Copilotを使って文章を校正したり、Copilotからのアドバイスを受けたりすることができます。

作成した本文を Copilot を使って修正する

　作成した本文の誤字脱字などをチェックしたり、言い回しを変更したりするときもCopilotを活用しましょう。ここではすでにある文章に対してCopilotを活用する方法を紹介します。

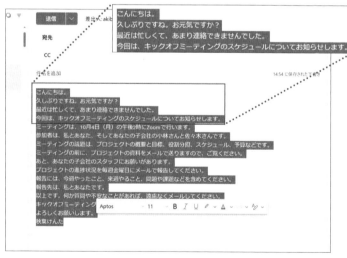

メールの作成画面で本文を選択します。

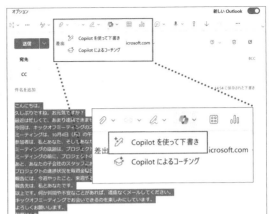

P.82 と同様に Copilot アイコンをクリックし、「Copilot を使って下書き」をクリックします。

選択した部分が Copilot のテキストボックスに入力されます。

文章の冒頭に「次の文章を○○してください」(ここでは丁寧な文体に修正するよう指示)というように、Copilot にしてほしい処理の内容を入力し❶、「生成」アイコンをクリックします❷。

87

宛先　　　　　　　　　　　　　　　　　　　　　　　　　　　　　BCC

CC

件名を追加　　　　　　　　　　　　　　　　　　　　　　　　14:55 に保存された下書き

　✨ このメールは、取引先に送るメー...　　ⓘ AI によって生成されたコンテンツが間違っている可能性もあります。　🔥 💡

Date: --

拝啓

お世話になっております。秋葉けんたです。

ご無沙汰しておりますが、お元気でいらっしゃいますか？こちらは、最近忙しくしており、なかなかご連絡できず申し訳ありませんでした。

　本日、弊社と貴社の共同プロジェクトに関するキックオフミーティングの日程について、ご案内申し上げます。ミーティングは、10月

他に変更することはありますか？　　　　　　　　　　　　　　　　　→

✓ 保持する　　🗑 破棄する　　⟳ 再生成

文章が生成されるので確認し、問題がなければ「保持する」をクリックします。
追加の指示がある場合には、テキストボックスに入力します。

ご無沙汰しておりますが、お元気でいらっしゃいますか？こちらは、最近忙しくしており、なかなかご連絡できず申し訳ありませんでした。

本日は、弊社と貴社の共同プロジェクトに関するキックオフミーティングの日程について、ご案内申し上げます。

拝啓

お世話になっております。秋葉けんたです。

ご無沙汰しておりますが、お元気でいらっしゃいますか？こちらは、最近忙しくしており、なかなかご連絡できず申し訳ありませんでした。

本日は、弊社と貴社の共同プロジェクトに関するキックオフミーティングの日程について、ご案内申し上げます。ミーティングは、10月4日（月）の午後2時からZoomで開催いたします。お手数ですが、ご参加いただけるようにお願いいたします。なお、参加者は、私と貴殿のほか、貴社の子会社の小林様と佐々木様のお二人です。

ミーティングでは、プロジェクトの概要と目標、各社の役割分担、スケジュール、予算などについて話し合いたいと思います。事前に、プロジェクトに関する資料をメールで送付させていただきますので、ご一読ください。

また、プロジェクトの進捗状況については、貴社の子会社のスタッフ様に毎週金曜日にメールで報告していただきたいと思います。報告内容は、今週行った作業、来週予定されている作業、問題や課題などを含めてください。報告先は、私と貴殿です。

以上、ご確認のほどよろしくお願いいたします。プロジェクトの成功に向けて、どうぞよろしくお願いいたします。もし、ご質問やご不安な点がございましたら、いつでもご連絡ください。

では、キックオフミーティングでお目にかかれることを楽しみにしております。

敬具

プロンプトの指示に沿った文章が生成されました。

Copilotにアドバイスをもらう

　Copilotのコーチング機能を使えば、作成したメールの内容を分析し、Copilotにアドバイスしてもらうことができます。メールを送る前に、チェックするといいでしょう。

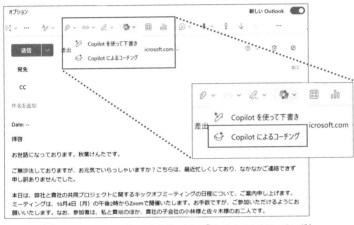

メールの作成画面でCopilotアイコンをクリックし、「Copilotによるコーチング」をクリックします。

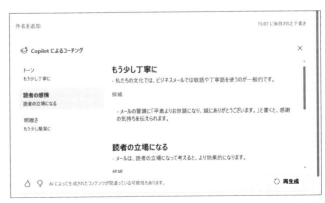

「Copilotによるコーチング」画面が開き、メールの文章をよりよくするためのアドバイスが表示されます。内容を確認し、メールの本文を調整しましょう。

Copilotにメールの返信を生成してもらう

Keyword 返信／全員に返信／送信

　メールの返信を作成する際にも Copilot を使うことができます。Copilot を使うと、簡単な操作でメールを返信できるようになります。

返信メールの本文を1クリックで生成する

　Copilot がメールの内容を推測して返信内容を生成します。この機能を活用すれば、1クリックで返信を生成できるので非常に便利です。

メールの一覧画面で返信するメールを選び、「返信」または「全員に返信」を選択します。

メールの返信画面が表示されます。画面下部に Copilot が生成したサジェスチョンが表示されているので、適した項目を選びます。

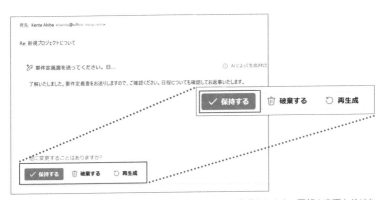

選択した項目に沿った内容が Copilot のテキストボックスに表示されます。要望や変更などがあれば追加し、問題がなければ「保持する」をクリックします。

メールの返信内容が生成されました。必要な編集などをした後、「送信」ボタンをクリックします。

> **Memo**
> Copilot で生成したテキストは、Outlookで編集することができます。Copilot で何度も修正するより、手作業で修正した方がはやい場合には、無理矢理 Copilot を使う必要はありません。

返信メールの本文を作成する

「○○について伝える」というように、Copilotに伝えたい内容を指示して返信する本文を生成することもできます。より細かい内容を指示することができます。

メールの一覧画面から返信したいメールを選択して、「返信」または「全員に返信」をクリックし遷移した画面の画面下部にある「Custom」をクリックします。

Copilotのテキストボックスに返信する内容を入力します。

Memo

Copilotは曖昧な指示でもテキストを生成できますが、相手との関係性やメールで伝えたい内容などの詳細を伝えると、より適切なテキストを生成することができます。

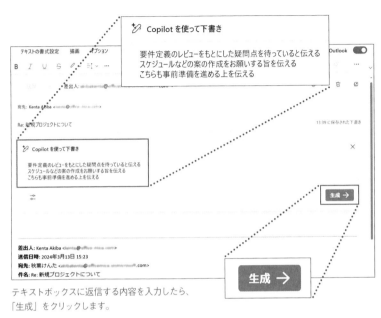

テキストボックスに返信する内容を入力したら、
「生成」をクリックします。

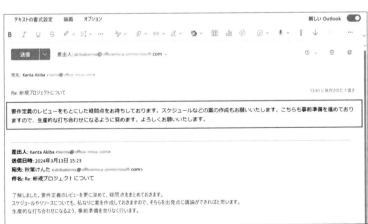

指示した内容で返信のテキストが生成されます。

93

メールの要約を作る

Keyword 要約／生成

Copilotを使って、受信したメールを要約すると、短時間で内容を把握することができます。ここではメールの要約を生成する方法を紹介します。

要約を作る

返信文を生成したり、修正したりする場合はプロンプトを入力しますが、要約の場合はボタンをクリックするだけで生成されます。

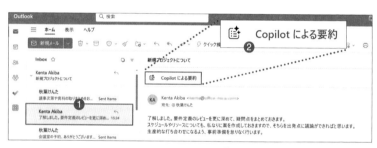

メールの一覧画面から要約を生成するメールを選択し❶、「Copilotによる要約」をクリックします❷。

メールの要約が生成されます。メールの内容を短時間で把握できます。

第 **6** 章

WordのCopilot

ここではWordでCopilotを使ってできることと、
操作方法について解説します。

WordのCopilotを使って文章を作成する

Keyword 企画書／ダイアログ／テンプレート

Wordで文書を作成する際にもCopilotが活用できます。ここでは、WordのCopilotを使って文章を作成する方法を紹介します。

Copilotを使って文章を生成する

Copilotを使えば、書きたい文章の下書きを簡単に作成できます。ここでは、イベントの企画書の作成を例に、Copilotの使い方を紹介します。

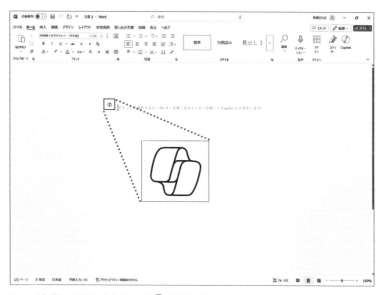

Wordを起動した画面。本文中にある 🖋 をクリックします。

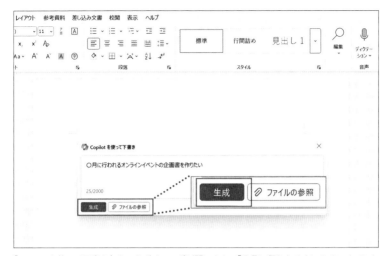

「Copilot を使って下書き」というダイアログが開いたら、「〇月に行われるオンラインイベントの企画書を作りたい」というように作成したい文章の内容や目的などを入力し、「生成」をクリックします。

テキストが生成されました。追加の指示があれば、その旨を Copilot に伝えます。問題がなければ「保持する」をクリックします。

テンプレートにあわせて文章を生成する

　Wordで作業する場合、テンプレートを使うケースも少なくありません。
WordのCopilotはテンプレート上でも使用できます。

Wordで作業に使う「テンプレート」を選択し、ファイルを作成します。

Copilotで文章を生
成する場所にカーソ
ルを移動させます。
Copilotアイコンが
表示されるので、ク
リックします。

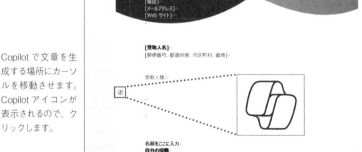

> **Memo**
> WordのCopilotは、右クリックしたメニューからも呼び出すことができま
> す。プロンプトは入力できませんが、テキストをリライトしたり、テキス
> トから表を作成したりできます。

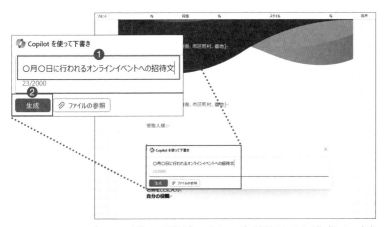

「Copilot を使って下書き」のダイアログが表示されるので作成したい文章の内容や目的を入力し**①**、「生成」ボタンをクリックします**②**。ここでは「○月○日に行われるオンラインイベントへの招待文」と入力しています。

文章が生成されました。追加の指示があればその旨を伝えます。
問題がなければ「保持する」をクリックします。

Wordで作成した文章を
ブラッシュアップする

Keyword ブラッシュアップ／トーン／フォーマット

　Wordの Copilotを使えば、文章のトーンを変更したり、適切な書式や追加したりした方がいい内容などアドバイスが受けられるようになります。

Copilot で生成した文章に置き換える

　Wordにはさまざまな校正機能があり、それらを使うことで文章をブラッシュアップすることができます。しかし、文章のトーンを変更するなど、細かい修正には対応できません。Wordの Copilotを使えば、トーンの変更もワンクリックで行えます。

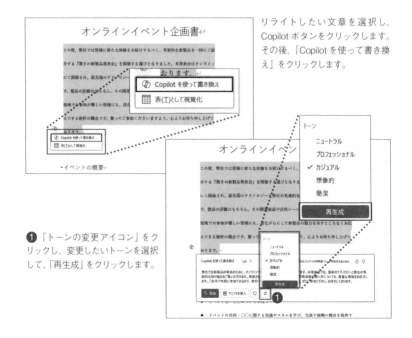

リライトしたい文章を選択し、Copilot ボタンをクリックします。その後、「Copilot を使って書き換え」をクリックします。

❶ 「トーンの変更アイコン」をクリックし、変更したいトーンを選択して、「再生成」をクリックします。

トーンが変更された文章が生成されました。問題がなければ「置換」または「下に行を挿入」をクリックします。

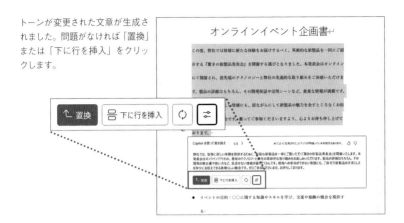

フォーマットが適切か尋ねる

　文章をリライトしても、フォーマットが不適切であったり、必要な項目が入っていなかったりすると、趣旨がうまく伝わりません。ここでは、フォーマットのチェックや必要な項目がないのかなどを確認する方法を紹介します。

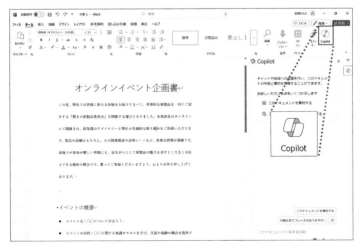

チェックするドキュメントを開き、「ホーム」リボンにある「Copilot」アイコンをクリックします。

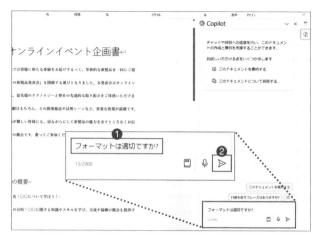

プロンプトを入力するテキストボックスに、「フォーマットは適切ですか？」と
入力し❶、▷ をクリックします❷。

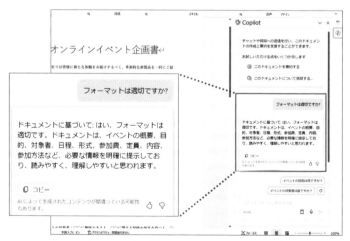

Copilot がフォーマットに関してフィードバックします。内容を確認し、
必要に応じて修正しましょう。

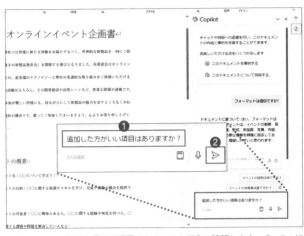

ドキュメントに必要な項目が網羅されているかどうか確認します。Copilot に
「追加した方がいい項目はありますか?」と入力❶し、▷ をクリックします❷。

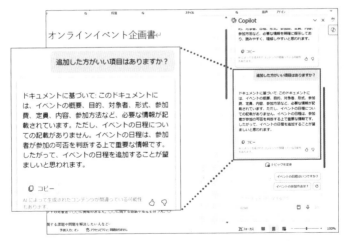

Copilot が追加した方がいい項目についてフィードバックします。
内容を確認し、必要に応じて項目を追加しましょう。

Wordで開いている ドキュメントについて質問する

Keyword ドキュメント／議事録／アクションプラン

Wordは文書を作成するために使われますが、Copilotを使えば他の用途でも使えるようになります。ここでは今開いているドキュメントの内容に関する質問をする方法について紹介します。

ドキュメントの内容について質問する

ドキュメントの内容についてCopilotに質問すれば、ドキュメントの内容を読み解き、わかりやすく回答します。

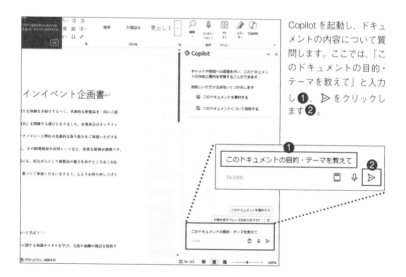

Copilotを起動し、ドキュメントの内容について質問します。ここでは、「このドキュメントの目的・テーマを教えて」と入力し❶、▷をクリックします❷。

> **Memo**
> 議事録を開いておけば、会議で話し合われた内容やアクションプランなどについて調べることも可能です。

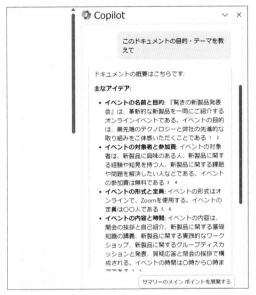

Copilot が回答を表示します。小見出しや章がある場合、小見出し／章ごとのサマリーが表示されます。

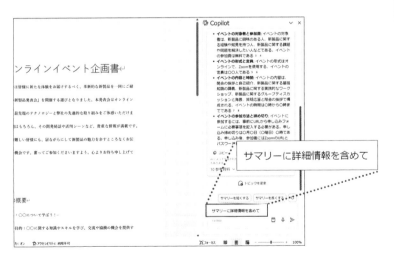

追加で質問や指示をすることもできます。

難解な文書から必要な情報を得る

　規約や契約書などドキュメントの内容が難解で読み解くのが難しい場合でも
Copilot は有効です。

　たとえば「社内規定」のドキュメントを開いて、「忌引きって何日とれるの？」
と知りたいことを質問したり、各種法令のドキュメントを開いて、その法令に
関する質問をしたりすれば、正確な回答が返ってきます。

ドキュメント（ここでは社内規定の
ファイル）を開いて、質問します。
ここでは、「忌引きって何日とれる
の？」と入力しています。

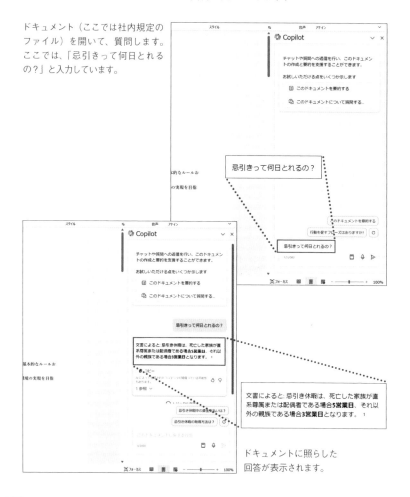

忌引きって何日とれるの？

文書によると、忌引き休暇は、死亡した家族が直
系尊属または配偶者である場合5営業日、それ以
外の親族である場合3営業日となります。

ドキュメントに照らした
回答が表示されます。

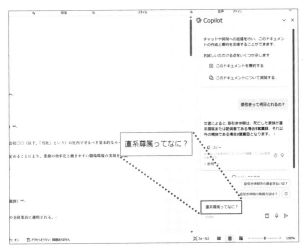

回答に沿って追加の質問をすることもできます。

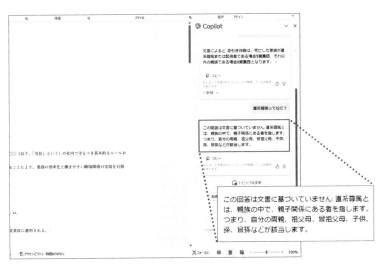

ドキュメント（参照している文書）に適切な内容が含まれない場合には、
その旨と回答が表示されます。

Wordで開いている
ドキュメントを要約する

Keyword サマリー／サジェスチョン

　ビジネス文書では長い文書を扱うこともあります。時間がない中で膨大な量の文書を読むのが難しい場合は、Copilotを活用しましょう。ここではCopilotを使ってドキュメントを要約する方法を紹介します。

ドキュメントを要約する

　WordのCopilotでドキュメントを要約するには、ドキュメントを開き「このドキュメントを要約して」と指示します。

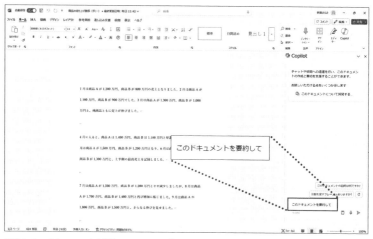

要約したいドキュメントを開き、Copilotに「このドキュメントを要約して」と指示します。

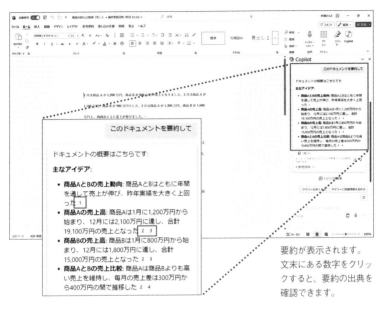

要約が表示されます。
文末にある数字をクリックすると、要約の出典を確認できます。

内容を把握できない場合には、サマリー（要約）を長くしたり、短くしたりすることも可能です。

段落ごとに要約を作成する

章や段落ごとに分けられているドキュメントを要約することで話の流れが掴みやすくなり、ドキュメントの理解が進みます。

章や段落分けされているドキュメントを開き、Copilot に「段落ごとに要約して」と指示します。

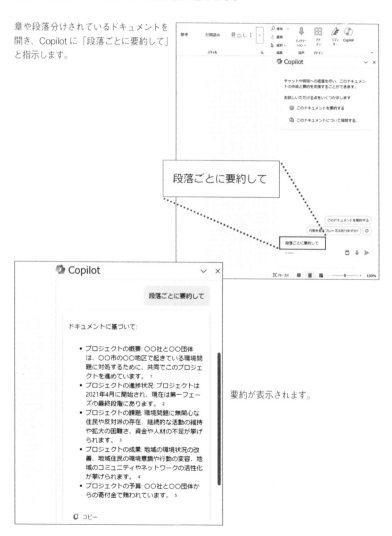

段落ごとに要約して

要約が表示されます。

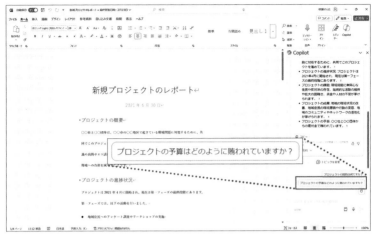

要約についてさらに聞きたいことがある場合、Copilot が提示するサジェスチョンを選択するか、テキストボックスに追加のプロンプトを入力します。ここでは、「プロジェクトの予算はどのように賄われていますか?」を選択します。なお、サジェスチョンは毎回異なる内容が表示されます。ニーズに合ったサジェスチョンでない場合、下のテキストボックスに適切な内容のプロンプト（指示や質問）を直接入力します。

第6章 WordのCopilot

サジェスチョンやプロンプトに沿って回答が表示されます。

Wordのドキュメントから表を作る

Keyword 製品リスト／出席者名簿／グラフ

　WordのCopilotを使えば、ドキュメントから表を作成できます。製品リストや会議の出席者名簿なども簡単に作成できます。

ドキュメントの内容から表を作成する

　ドキュメントから表を作成するにはCopilotに、「このドキュメントから○○についての表を作って」と指示します。表にすると、情報が整理されるので、短時間でポイントを伝えるときに便利です。

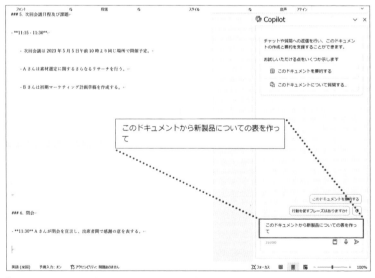

「このドキュメントから○○についての表を作って」と指示をします。

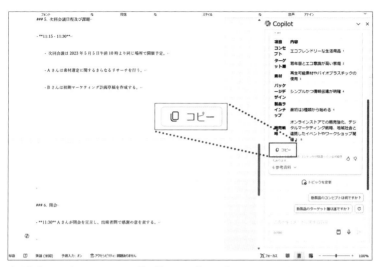

表が作成されます。ドキュメントに貼り付けるには「コピー」をクリックします。

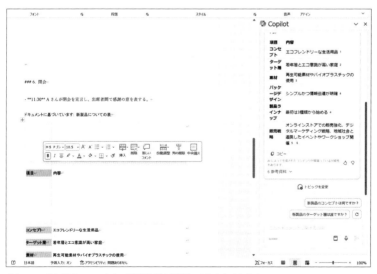

ドキュメントに表をペーストし、列幅などを調整して見やすくします。

ドキュメントの内容からグラフを作図する

WordのCopilotを使えば、ドキュメントから表データを作成し、グラフの作図まで行うことができます。ここではその手順を紹介します。

前ページを参考にしながら、Copilot
で表を作成します。

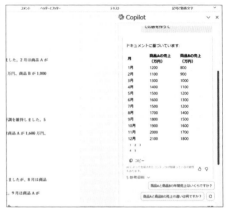

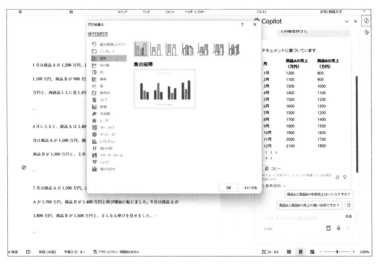

Wordのリボン（メニュー）の「挿入」タブから「グラフ」を選択し、グラフの種類を選び、「OK」
をクリックします。

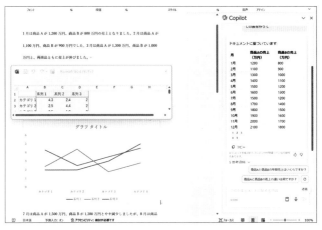

仮のグラフが挿入され、データの入力画面が開きます。

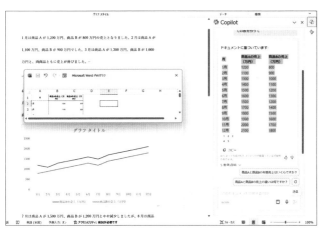

Copilot で作成した表のデータをクリップボードにコピーし、グラフのデータとして
貼り付け、グラフを完成させます。

> **Memo**
> Copilot で作成した表は「コピー」ボタンでクリップボードにコピーできます
> が、そのまま貼り付けるとデータが崩れることがあります。貼り付けたデー
> タがずれていないかどうか必ず確認しましょう。

Copilot Lab で有効なプロンプトを探す

Copilot を使いこなすには、有効なプロンプトを知っておく必要があります。Copilot Lab にアクセスすると、さまざまな場面で使えるプロンプトが公開されています。

Copilot Labにアクセスする

Microsoft Edge や他のウェブブラウザーで、Copilot Lab（https://copilot.cloud.microsoft/ja-JP/prompts）にアクセスすると、Copilot に関するさまざまな情報に加え、便利なプロンプトが公開されています。使いたいものがあれば試してみましょう。

ブラウザーで Copilot Lab にアクセスします。

Copilot Lab では、アプリやカテゴリごとにプロンプトを検索できます。

第 **7** 章

ExcelのCopilot

ここではExcelでCopilotを使ってできることと、
操作方法について解説します。

Excelのデータ分析で
Copilotを使う準備をする

Keyword テーブル／書式設定／見出し

データ分析やセルの操作など、ExcelでCopilotを使う際にはあらかじめ準備が必要です。ここでは、Copilotを使う前にやっておくべきことについて紹介します。

Excel の Copilot を使うための準備をする

ExcelでCopilotを使うには、データを含む「テーブル」を作成する必要があります。ExcelのCopilotで分析しようとしている表は、必ずテーブルに変換してください。

Excelでデータを開きます。

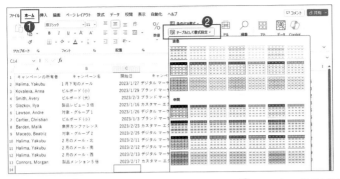

「ホーム」を選び ①、「テーブルとして書式設定」をクリックし ②、テーブルの書式を選択します。

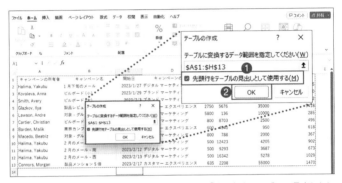

範囲の確認画面が出ます。先頭行が見出しの場合、「先頭行をテーブルの見出しとして使用する」のチェックボックスをオンにして ①、「OK」をクリックします ②。

キャンペーンの所有者	キャンペーン名	開始日	キャンペーンの種類	予算	収益	対象ユーザーの総数	参加しているユーザ
Halima, Yakubu	1月下旬のメール	2023/1/27	デジタル マーケティング	500	6980	4205	465
Kovaleva, Anna	ビルボード (小)	2023/1/29	ブランド マーケティング	250	4732	2000	500
Smith, Avery	ビルボード (大)	2023/2/3	ブランド マーケティング	4500	5632	10000	362
Glazkov, Ilya	製品レビュー3倍	2023/1/16	カスタマー エクスペリエンス	2750	5675	35000	5418
Lawson, Andre	対象 - グループ1	2023/1/26	デジタル マーケティング	5800	136	10000	286
Cartier, Christian	ビルボード (小)	2023/1/3	ブランド マーケティング	800	8703	2500	496
Barden, Malik	業界カンファレンス	2023/2/23	カスタマー エクスペリエンス	600	4540	950	618
Macedo, Beatriz	対象 - グループ2	2023/2/25	デジタル マーケティング	800	788	2000	367
Halima, Yakubu	2月のメール - 北	2023/2/11	デジタル マーケティング	500	12423	4205	902
Halima, Yakubu	2月のメール - 南	2023/2/12	デジタル マーケティング	500	9293	3687	673
Halima, Yakubu	2月のメール - 西	2023/2/13	デジタル マーケティング	500	16342	5278	1029
Connors, Morgan	製品メンション5倍	2023/2/17	カスタマー エクスペリエンス	635	2208	55000	1470

テーブルが作成されました。このテーブルに対して Copilot の処理をしていきます。

ExcelのCopilotで データ分析をする

Keyword 関数／ピボットテーブル／外れ値

Excelには、関数やピボットテーブルなどデータを分析するためのさまざまな機能が提供されています。しかしそれらの機能を使わなくてもExcelのCopilotに分析したい内容を伝えれば、AIが適切にデータを分析します。ここではExcelのCopilotを使ってデータを分析する方法を紹介します。

データを分析する

データを含んだテーブルを作成すれば、Copilotを使ってデータを分析できるようになります。たとえば、各製品ごとの売り上げを分析したり、データの中に含まれる「外れ値」を探したりすることも可能です。

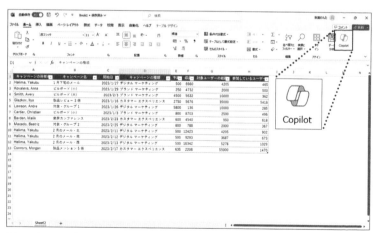

「ホーム」にある「Copilot」アイコンをクリックします。

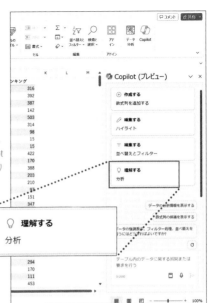

サイドバーに Copilot が表示されたら、[理解する（分析）] を選択します（Copilot に「分析」と指示しても同様の結果になります）。

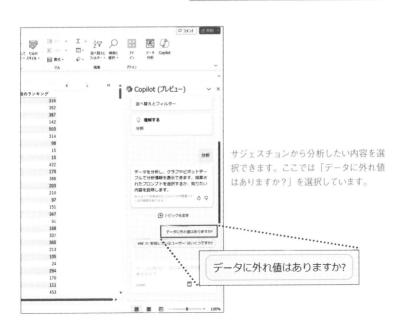

サジェスチョンから分析したい内容を選択できます。ここでは「データに外れ値はありますか？」を選択しています。

データの分析結果が表示されます。
ここでは、「外れ値」について表示
されています。

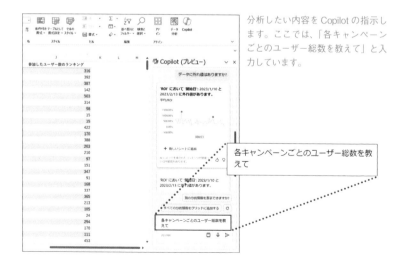

分析する内容を Copilot に指示する

ExcelのCopilotには、メニューから分析するだけでなく、どういった分析を
するのかを具体的に指示することもできます。ここでは、キャンペーンごとの
ユーザー数について分析する方法を紹介します。

分析したい内容を Copilot の指示します。ここでは、「各キャンペーンごとのユーザー総数を教えて」と入力しています。

各キャンペーンごとのユーザー総数を教えて

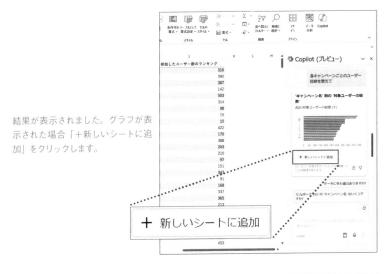

結果が表示されました。グラフが表示された場合「＋新しいシートに追加」をクリックします。

＋ 新しいシートに追加

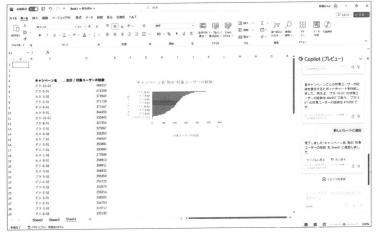

分析結果が新しいワークシートに追加されます。

ExcelのCopilotで
データの並び替えや整理をする

Keyword 並び替え／整理／フィルター

　膨大なデータを整理する際、データを並び替えたり、必要なデータだけを表示したりしてデータを見やすくすることがあります。ここでは、Excelの Copilot を使ってデータの並び替えや整理をする方法を紹介します。

必要なデータだけを表示する（フィルターを作成する）

　膨大な表の中から「特定の地域」や「特定の製品」など特定のカテゴリだけを表示したい場合には、フィルターを作成します。Copilot に「○○のみを表示する」と指示をするとフィルターが作成されます。

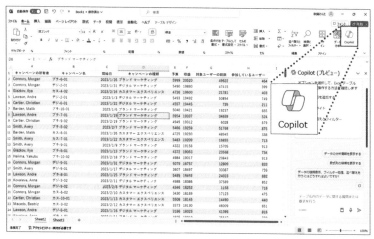

「ホーム」にある「Copilot」アイコンをクリックします。

表示したい項目を伝え、フィルターを作成します。
ここでは「ブランドマーケティングのみを表示する」
と指示しています。

ブランドマーケティングのみを表示する

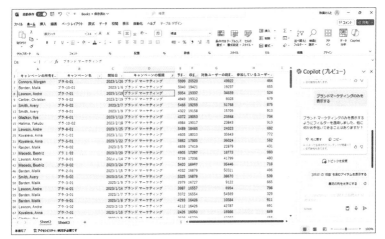

指示した「ブランドマーケティング」でフィルター処理されデータが表示されます。

125

データを並び替える

Excelの「データ」機能を使ってデータを並び替える際、並び替えるデータの列を指定したり、昇順／降順を指示する必要があります。Copilotの場合「○○を○○順に並び替える」と指示すれば、その指示どおりに並び替えが行われます。

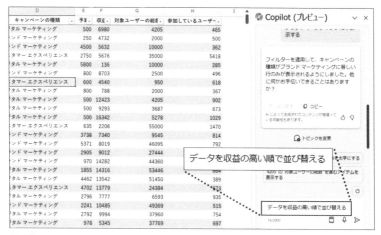

並び替えたい項目について Copilot に指示します。
ここでは、「データを収益の高い順で並び替える」と指示しています。

	A	B	C	D	E	F	G	H
1	キャンペーンの所有者	キャンペーン名	開始日	キャンペーンの種類	予算	収益	対象ユーザーの総数	参加しているユーザー
2	Connors, Morgan	ブラ-6-01	2023/1/26	ブランド マーケティング	5999	20520	49922	464
3	Connors, Morgan	デジ-2-01	2023/1/31	デジタル マーケティング	5490	19890	47415	399
4	Glazkov, Ilya	カス-4-02	2023/2/16	カスタマー エクスペリエンス	4736	19600	21781	403
5	Lawson, Andre	デジ-2-01	2023/1/3	デジタル マーケティング	5493	19492	50894	749
6	Cartier, Christian	デジ-6-01	2023/1/22	デジタル マーケティング	4557	19445	739	211
7	Barden, Malik	ブラ-10-01	2023/1/6	ブランド マーケティング	5040	19421	19237	655
8	Lawson, Andre	ブラ-7-01	2023/1/19	ブランド マーケティング	5954	19337	34659	524
9	Cartier, Christian	ブラ-9-02	2023/2/19	デジタル マーケティング	4949	19312	6028	679
10	Smith, Avery	ブラ-5-02	2023/2/7	ブランド マーケティング	5466	19259	51768	875
11	Barden, Malik	カス-6-01	2023/1/26	カスタマー エクスペリエンス	4725	19230	48945	338
12	Smith, Avery	カス-7-01	2023/1/22	カスタマー エクスペリエンス	5483	19209	16855	713
13	Smith, Avery	ブラ-9-01	2023/1/9	ブランド マーケティング	4322	19158	15705	913
14	Glazkov, Ilya	デジ-6-01	2023/1/13	デジタル マーケティング	4372	19053	23568	734
15	Halima, Yakubu	ブラ-10-02	2023/2/18	ブランド マーケティング	4984	19017	23843	913
16	Connors, Morgan	ブラ-1-01	2023/1/26	デジタル マーケティング	5079	18757	12809	833
17	Smith, Avery	デジ-9-01	2023/1/17	デジタル マーケティング	3607	18497	33387	739
18	Lawson, Andre	ブラ-8-01	2023/1/25	ブランド マーケティング	5489	18465	24023	692
19	Kovaleva, Anna	デジ-3-02	2023/2/11	デジタル マーケティング	4988	18386	37589	852
20	Connors, Morgan	デジ-9-02	2023/2/8	デジタル マーケティング	4346	18252	1158	716
21	Connors, Morgan	カス-10-01	2023/2/20	カスタマー エクスペリエンス	4736	18224	17123	475
22	Cartier, Christian	カス-10-01	2023/1/13	カスタマー エクスペリエンス	5508	18145	14490	440

指示どおりにデータが並び替えられました。

分類した項目ごとにデータを並び替える

「地域ごとに売り上げの高い順から並び替えたい」というように、分類した項目ごとにデータを並び替えたい場合、たとえば Excel だと並び替えのレベルを追加する必要があります。Copilot を使えば、もっと簡単な操作で同じ処理を行うことができます。

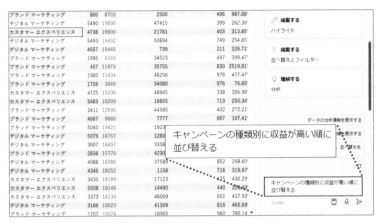

分類したい項目や並び替えたい項目について Copilot に指示をします。
ここでは「キャンペーンの種類別に収益が高い順に並び替える」と指示しています。

	A	B	C	D	E	F	G	H
1	キャンペーンの所有す	キャンペーン名	開始日	キャンペーンの種類	予算	収益	対象ユーザーの総数	参加しているユーザー
2	Glazkov, Ilya	カス-4-02	2023/2/16	カスタマー エクスペリエンス	4736	19600	21781	403
3	Barden, Malik	カス-6-01	2023/1/26	カスタマー エクスペリエンス	4725	19230	48945	338
4	Smith, Avery	カス-7-01	2023/1/12	カスタマー エクスペリエンス	5483	19209	16855	713
5	Connors, Morgan	カス-6-02	2023/2/10	カスタマー エクスペリエンス	3430	18189	17123	475
6	Cartier, Christian	カス-10-01	2023/1/13	カスタマー エクスペリエンス	5508	18145	14490	440
7	Macedo, Beatriz	カス-3-01	2023/2/12	カスタマー エクスペリエンス	3373	18130	46009	651
8	Halima, Yakubu	カス-3-01	2023/1/28	カスタマー エクスペリエンス	5146	17777	27952	809
9	Cartier, Christian	カス-3-01	2023/1/15	カスタマー エクスペリエンス	5875	17635	33373	838
10	Connors, Morgan	カス-4-02	2023/2/10	カスタマー エクスペリエンス	4757	17347	7726	682
11	Connors, Morgan	カス-8-01	2023/1/19	カスタマー エクスペリエンス	5916	17286	31992	241
12	Kovaleva, Anna	カス-8-02	2023/2/17	カスタマー エクスペリエンス	5231	17095	47478	876
13	Halima, Yakubu	カス-9-02	2023/2/4	カスタマー エクスペリエンス	5160	16889	20895	975
14	Lawson, Andre	カス-10-02	2023/2/10	カスタマー エクスペリエンス	4233	16847	44208	709
15	Macedo, Beatriz	カス-1-01	2023/1/19	カスタマー エクスペリエンス	5449	16465	19163	368
16	Connors, Morgan	カス-4-02	2023/2/4	カスタマー エクスペリエンス	4625	16178	26518	920
17	Halima, Yakubu	カス-6-02	2023/1/14	カスタマー エクスペリエンス	4389	16128	29183	670
18	Smith, Avery	カス-1-01	2023/1/14	カスタマー エクスペリエンス	4117	16112	6366	497
19	Halima, Yakubu	カス-6-02	2023/2/14	カスタマー エクスペリエンス	3552	16014	35775	578
20	Cartier, Christian	カス-5-01	2023/1/28	カスタマー エクスペリエンス	2961	15953	29966	287
21	Smith, Avery	カス-7-01	2023/1/3	カスタマー エクスペリエンス	2992	15825	17658	272
22	Barden, Malik	カス-1-02	2023/2/20	カスタマー エクスペリエンス	3445	15777	54350	735

指示どおりにデータが整理されています。

ExcelのCopilotで
特定のデータをハイライトする

Keyword ハイライト／文字色／背景色

Excelでデータを分析・整理する際、「売り上げが高いデータ」などを目立たせたいときは、ExcelのCopilotを使いましょう。目立たせたいデータを指示するだけで、ハイライト表示させます。

Copilotでデータをハイライトする

ExcelのCopilotを起動し、「○○をハイライトする」と指示すれば、指示したデータを目立たせることができます。細かく指定することで、文字色や背景色を変更することもできます。

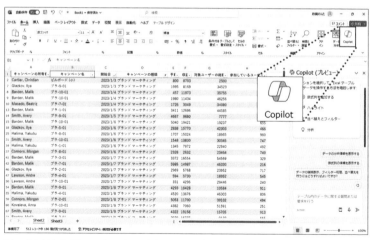

「ホーム」にある「Copilot」アイコンをクリックします。

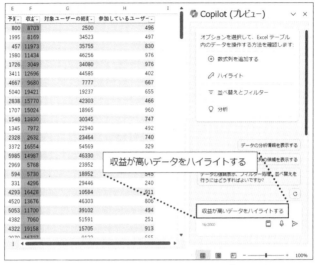

ハイライトしたいデータについて指示をします。ここでは「収益が高いデータを
ハイライトする」と指示しています。

	A	B	C	D	E	F	G	H
1	キャンペーンの所有者	キャンペーン名	開始日	キャンペーンの種類	予算	収益	対象ユーザーの総数	参加しているユーザー
2	Cartier, Christian	ビルボード (小)	2023/1/3	ブランド マーケティング	800	8703	2500	496
7	Glazkov, Ilya	ブラ-9-01	2023/1/3	ブランド マーケティング	1995	8169	34523	497
8	Barden, Malik	ブラ-10-01	2023/1/4	ブランド マーケティング	457	11973	35755	830
9	Barden, Malik	ブラ-10-01	2023/1/4	ブランド マーケティング	1980	11434	46256	976
12	Macedo, Beatriz	ブラ-7-01	2023/1/4	ブランド マーケティング	1726	3049	34080	976
13	Barden, Malik	ブラ-1-01	2023/1/5	ブランド マーケティング	3411	12696	44585	402
14	Smith, Avery	ブラ-9-01	2023/1/5	ブランド マーケティング	4667	9680	7777	667
15	Barden, Malik	ブラ-10-01	2023/1/6	ブランド マーケティング	5040	19421	19237	655
18	Glazkov, Ilya	ブラ-5-01	2023/1/6	ブランド マーケティング	2838	15770	42303	466
25	Halima, Yakubu	ブラ-8-01	2023/1/6	ブランド マーケティング	1707	15024	18965	960
31	Smith, Avery	ブラ-10-01	2023/1/6	ブランド マーケティング	1548	13830	30345	747
34	Halima, Yakubu	ブラ-1-01	2023/1/6	ブランド マーケティング	1345	7972	22940	492
37	Connors, Morgan	ブラ-8-01	2023/1/6	ブランド マーケティング	2328	2632	23464	740
41	Barden, Malik	ブラ-3-01	2023/1/7	ブランド マーケティング	3372	16554	54569	329
42	Barden, Malik	ノラ-1-01	2023/1/7	ブランド マーケティング	5985	14987	46330	216
46	Glazkov, Ilya	ブラ-2-01	2023/1/7	ブランド マーケティング	2960	5768	23952	717
47	Lawson, Andre	ブラ-4-01	2023/1/7	ブランド マーケティング	594	5730	18952	545
50	Lawson, Andre	ブラ-10-01	2023/1/7	ブランド マーケティング	331	4296	29446	240
54	Barden, Malik	ブラ-9-01	2023/1/8	ブランド マーケティング	4293	16428	10584	911
55	Halima, Yakubu	ブラ-4-01	2023/1/8	ブランド マーケティング	4520	13676	46303	806
59	Connors, Morgan	ブラ-2-01	2023/1/8	ブランド マーケティング	5053	11700	39102	494
60	Kovaleva, Anna	ブラ-10-01	2023/1/8	ブランド マーケティング	4382	7060	51591	251
67	Smith, Avery	ブラ-9-01	2023/1/9	ブランド マーケティング	4322	19158	15705	913

指示したデータがハイライトされました。

ExcelのCopilotで
必要な数式を作成する

Keyword 平均値／中央値／相関関係／指標

Excelは、セルのデータを使って計算式を作ることができます。複雑な計算式を作りたいときはCopilotを使いましょう。ここでは、Copilotを使って数式を作る方法を紹介します。

指標を指定し計算式を作成する

Excelの表を分析して有効な情報を引き出す場合、平均値や中央値、相関関係などの指標を活用します。Copilotを使えば、それらの指標を計算するための数式を作成できます。

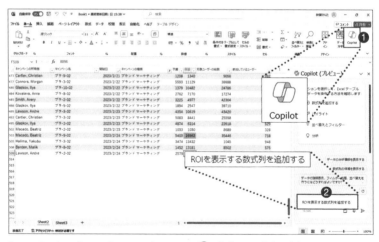

「ホーム」にある「Copilot」アイコンをクリックし①、作成したい数式の内容を入力します。ここでは「ROIを表示する数式列を追加する」と入力します②。

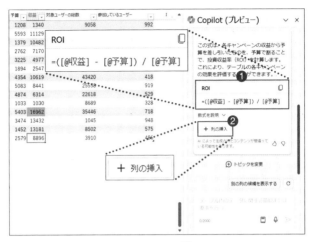

作成する数式についての内容が表示されます**❶**。
確認して「＋列の挿入」をクリックします**❷**。

	B	C	D	E	F	G	H	I	J	K
1	キャンペーン名	開始日	キャンペーンの種類	予算	収益	対象ユーザーの総数	参加しているユーザー	ROI		
2	ビルボード (小)	2023/1/3 ブランド マーケティング		800	8703	2500	496	987.88%		
7	ブラ-9-01	2023/1/4 ブランド マーケティング		1995	8169	34523	497	309.47%		
8	ブラ-10-01	2023/1/4 ブランド マーケティング		457	11973	35755	830	2519.91%		
9	ブラ-10-01	2023/1/4 ブランド マーケティング		1980	11434	46256	976	477.47%		
10	ブラ-7-01	2023/1/4 ブランド マーケティング		1726	3049	34080	976	76.65%		
13	ブラ-1-01	2023/1/5 ブランド マーケティング		3411	12696	44585	402	272.21%		
14	ブラ-9-01	2023/1/5 ブランド マーケティング		4667	9680	7777	667	107.41%		
15	ブラ-10-01	2023/1/6 ブランド マーケティング		5040	19421	19237	655	285.34%		
18	ブラ-5-01	2023/1/6 ブランド マーケティング		2838	15770	42303	466	455.67%		
25	ブラ-8-01	2023/1/6 ブランド マーケティング		1707	15024	18965	960	780.14%		
31	ブラ-10-01	2023/1/6 ブランド マーケティング		1548	13830	30345	711	793.41%		
34	ブラ-1-01	2023/1/6 ブランド マーケティング		1345	7972	22940	493	492.71%		
37	ブラ-8-01	2023/1/6 ブランド マーケティング		2328	2632	23464	740	13.06%		
41	ブラ-3-01	2023/1/7 ブランド マーケティング		3372	16554	54569	329	390.93%		
42	ブラ-7-01	2023/1/7 ブランド マーケティング		5985	14987	46330	216	150.41%		
46	ブラ-2-01	2023/1/7 ブランド マーケティング		2969	5768	23952	717	94.27%		
47	ブラ-4-01	2023/1/7 ブランド マーケティング		594	5730	18952	545	864.65%		
50	ブラ-10-01	2023/1/8 ブランド マーケティング		331	4296	29446	240	1197.89%		
54	ブラ-9-01	2023/1/8 ブランド マーケティング		4293	16428	10584	912	282.67%		
55	ブラ-4-01	2023/1/8 ブランド マーケティング		4520	13676	46303	809	202.57%		
59	ブラ-2-01	2023/1/8 ブランド マーケティング		5053	11700	39102	494	131.55%		
60	ブラ-10-01	2023/1/8 ブランド マーケティング		4382	7060	51591	253	61.11%		
67	ブラ-9-01	2023/1/9 ブランド マーケティング		4322	19158	15705	913	343.2/%		

数式列が追加されました。

ExcelのCopilotで
関数を使った数式を作る

Keyword 関数／関数式

　Excelの関数を使えば、合計や平均、ランキングなどを簡単に知ることができます。「○○をする関数」とCopilotに指示すれば、必要な関数式が追加できます。ここでは、Copilotを使って関数を含んだ数式を作成する方法を紹介します。

Copilot で適切な関数を探す

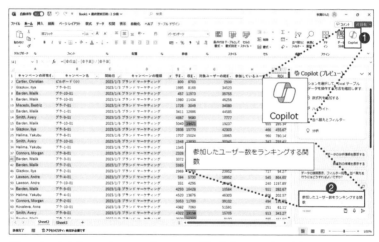

「ホーム」にある「Copilot」アイコンをクリックし❶、作成したい関数の内容を入力します。ここでは「参加したユーザー数をランキングする関数」と入力します❷。

> **Memo**
> 関数の使い方が分からない時に「○○関数の使い方を教えて」とCopilotに指示すると、関数の使い方が表示されます。

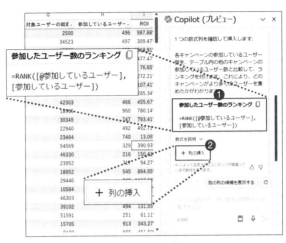

指示したとおりの関数が表示されます❶。

問題がなければ「＋列の挿入」をクリックします❷。

	C 開始日	D キャンペーンの種類	E 予算	F 収益	G 対象ユーザーの総数	H 参加しているユーザー	I ROI	J 参加したユーザー数のランキング	K
2	2023/1/3	ブランド マーケティング	800	8703	2500	496	987.88%	316	
7	2023/1/3	ブランド マーケティング	1995	8169	34523	497	309.47%	314	
8	2023/1/4	ブランド マーケティング	457	11973	35755	830	2519.91%	98	
9	2023/1/4	ブランド マーケティング	1980	11434	46256	976	477.47%	15	
10	2023/1/4	ブランド マーケティング	1726	3049	34080	976	76.65%	15	
13	2023/1/5	ブランド マーケティング	3411	12696	44585	402	272.21%	388	
14	2023/1/5	ブランド マーケティング	4667	9680	7777	667	107.41%	203	
15	2023/1/6	ブランド マーケティング	5040	19421	19237	655	285.34%	210	
18	2023/1/6	ブランド マーケティング	2838	15770	42303	466	455.67%	347	
25	2023/1/6	ブランド マーケティング	1707	15024	18965	960	780.14%	24	
31	2023/1/6	ブランド マーケティング	1548	13830	30345	747	793.41%	143	
37	2023/1/6	ブランド マーケティング	1345	7972	22940	492	492.71%	323	
41	2023/1/7	ブランド マーケティング	2328	2632	23464	740	13.06%	149	
42	2023/1/7	ブランド マーケティング	3372	16554	54569	329	390.93%	428	
46	2023/1/7	ブランド マーケティング	5985	14987	46330	216	150.41%	499	
47	2023/1/7	ブランド マーケティング	2969	5768	23952	717	94.27%	167	
50	2023/1/7	ブランド マーケティング	594	5730	18952	545	864.65%	281	
54	2023/1/8	ブランド マーケティング	331	4296	29446	240	1197.89%	489	
55	2023/1/8	ブランド マーケティング	4293	16428	10584	911	282.67%	48	
59	2023/1/8	ブランド マーケティング	4520	13676	46303	806	202.57%	114	
60	2023/1/8	ブランド マーケティング	5053	11700	39102	494	131.55%	320	
67	2023/1/9	ブランド マーケティング	4382	7060	51591	251	61.11%	481	
	2023/1/9	ブランド マーケティング	4322	19158	15705	913	343.27%	46	

Sheet2 Sheet3 +

Copilot が作成した列が追加されました。

ExcelのCopilotで
マクロを作る

Keyword マクロ／ VBA ／ソースコード／コード

Excelの簡易プログラミング言語であるVBA（Visual Basic for Applications）を使えば、数式や関数でできない処理もできるようになります。ここではCopilotを使ってマクロを作る方法を紹介します。

Copilot でマクロを作る

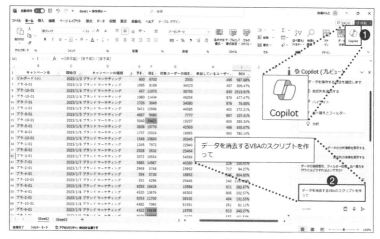

「ホーム」にある「Copilot」アイコンをクリックし❶、作成したいマクロの内容を入力します。ここでは「データを消去するVBAのスクリプトを作って」と入力します❷。

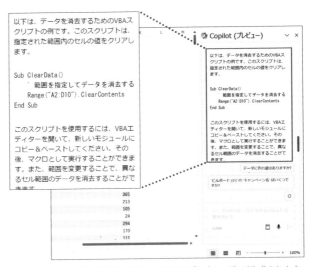

プロンプトで指示した VBA のスクリプト（コード）が生成されます。
このコードをクリップボードにコピーします。

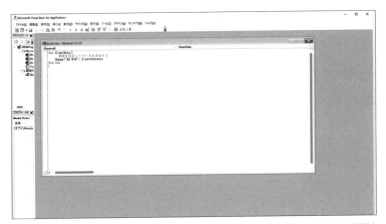

「開発」メニュー（リボン）から Visual Basic Editor を起動してマクロを作成（モジュールを挿入）
し、VBA のコードをペーストします。「実行」メニューからマクロを実行し動作を確認します。

Memo

VBA の詳細は専門の書籍などを参照し、正しく動作するかを確認してください。マクロ機能を使用する際は「マクロ有効ブック」形式で保存します。

オンライン版のExcelでCopilotを使う

　本書ではインストール版の365アプリでCopilotを使用してきました。Copilot ProやCopilot for Microsoft 365のユーザーはオンライン版の365アプリでもCopilotを使用できます。インターネットに接続できれば、簡単に表の分析などができるようになります。

　使用方法は、オフライン版の365アプリと同様に、「ホーム」リボンからCopilotのボタンをクリックするだけ。サイドバーにCopilotが表示され使用できます。

　インターネットを使用できる環境があれば、外出先からでもCopilotを使ってExcelの関数を作成したり、分析したりできるようになります。

　オンライン版のWordやExcelではパスワード付きのファイルを開けなかったり、マクロの実行などができないという制限がありますが、Microsoft 365を利用中の方は、ぜひオンライン版のアプリでもCopilotの活用を検討してみてはいかがでしょうか。

オンライン版の365アプリでもCopilotを使用できます。

第 8 章

PowerPointのCopilot

ここではPowerPointで
Copilotを使ってできることと、
操作方法について解説します。

PowerPointのCopilotを使ってプレゼンテーションを作成する

Keyword プレゼンテーション／スライド／ノート

PowerPointのCopilotを使えば、プレゼンテーションを簡単に作成できます。ここでは、Copilotを使ってプレゼンテーションを作る方法を紹介します。

テーマを指定してプレゼンテーションを作成する

PowerPointのCopilotは、キーワードを入力するだけで、テーマに合わせたスライドのレイアウト、画像、グラフなどを自動生成します。ノートの内容も提案されるため、プレゼンの構成を考えるのに役立ちます。

「ホーム」からCopilotをクリックし、Copilotを起動します。

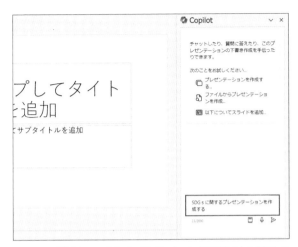

Copilot に「○○についてのプレゼンテーションを作成する」と指示します。ここでは「SDGs に関するプレゼンテーションを作成する」と入力しています。

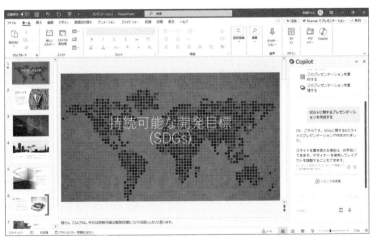

指示に沿ったプレゼンテーションが作成されました。

PowerPointのCopilotで個別のスライドを作成・追加する

Keyword ページ／デザイナー／ページデザイン

　PowerPointのCopilotは、個別のスライドを作成することもできます。ここでは、スライドを追加する方法を紹介します。

Copilot を使って指示したスライドを作成する

　プレゼンテーションを開いたら、スライドを作成するようにCopilotに指示します。その際、スライドのテーマや内容などの詳細を伝えておくと、意図した内容に近いページが作成されます。

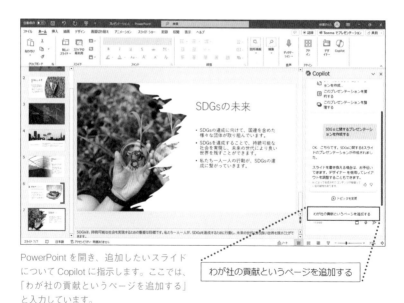

PowerPoint を開き、追加したいスライドについて Copilot に指示します。ここでは、「わが社の貢献というページを追加する」と入力しています。

わが社の貢献というページを追加する

指示した内容のスライドが追加されます。

スライドのデザインを変更する

「デザイナー」ボタンをクリックして❶、表示された一覧からスライドを選択し❷、デザインを修正します。

Word文書からPowerPointの プレゼンテーションを作成する

Keyword ファイル変換／Word

PowerPointのCopilotでプレゼンテーションを作る際、既存のファイルを元に作成することができます。ここではWordファイルからプレゼンテーションを作る方法を紹介します。

Wordファイルを元にプレゼンテーションを作成する

PowerPointのCopilotを使ってWordファイルからプレゼンテーションを作成するとWordの文書の内容をそのままプレゼンテーションに変換できるため、時間と手間を大幅に節約できます。

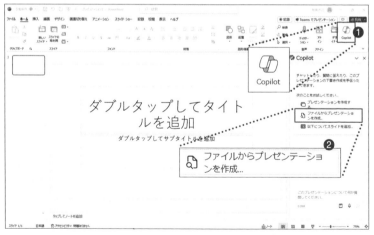

プレゼンテーションを新規作成し、Copilotアイコンをクリックします❶。
「ファイルからプレゼンテーションを作成」をクリックします❷。

指定できるファイル一覧が表示されます。プレゼンテーションの元になるファイルを指定します。ここでは、「オンラインイベントの企画書」を選択しています。

プロンプトに、「ファイルからプレゼンテーションを作成　オンラインイベント企画書 .docx」と表示されています。プロンプトとファイル名を確認して、プロンプトを実行します。

ファイルが読み込まれ、その内容に応じたスライドが作成されます。

PowerPointのCopilotを使ってスライドを整理する

Keyword 訴求力／グループ分け

　プレゼンテーションの訴求力を高めるためにCopilotを活用しましょう。PowerPointのCopilotに「このプレゼンテーションを整理する」と依頼すると、内容ごとにスライドが整理され、伝わるプレゼンテーションを作成できます。

プレゼンテーションを整理する

　プレゼンテーションのファイルを開き、PowerPointのCopilotにプレゼンテーションの整理を依頼すると、プレゼンテーションをグループ分けした後、必要なスライドなどを追加します。

整理したい PowerPoint のスライドを開き、Copilot アイコンをクリックします。

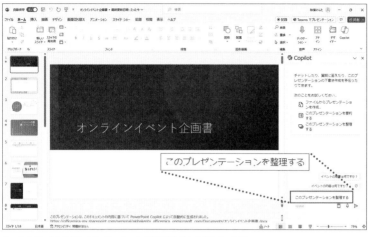

Copilot に、「このプレゼンテーションを整理する」と指示します。

プレゼンテーションがグループ分けされ、
いくつかのスライドが追加されました。

PowerPointのスライドに イメージ画像を追加する

Keyword 挿入／イメージ

　スライドにイメージ画像を追加したい場合、「挿入」機能などを使ってスライドにあった画像を探しました。Copilotを使えば、スライドの内容にマッチした画像を簡単に追加できます。

追加したい画像のイメージを Copilot に伝える

　追加したい画像のイメージやテーマをCopilotに伝えると、その指示にあった画像がスライドに追加されます。画像を探す手間が省けるため、スライド作成が効率化できます。

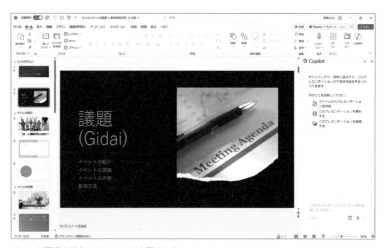

イメージ画像を追加したいページを開きます。

Copilotに「●●のイメージを追加する」と指示します。ここでは「成長のイメージを追加する」と入力しています。

イメージが追加されました。

> **Memo**
>
> PowerPointのCopilotは、OpenAIの画像生成AI「DALL-E」を使って画像を生成しています。

147

PowerPointの プレゼンテーションを要約する

Keyword　要約／概要

　PowerPointのCopilotを使うと、プレゼンテーションの要約を作成できます。 プレゼンテーション全体をチェックしなくても概要が把握できるため、時間を 短縮することができます。

プレゼンテーションの内容を要約する

要約を作成するプレゼンテーションを開き、Copilotに「このプレゼンテーションを 要約する」と指示します。

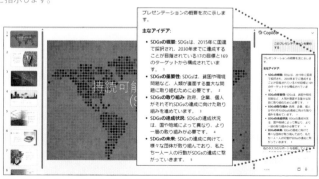

プレゼンテーションの要約（概要）が表示されます。

第 **9** 章

その他のCopilot

Copilotは、従来のアプリに新たな機能を付与し、
作業効率やクリエイティビティを向上させます。
ここでは、OneNoteやWhiteboard、Teamsなどの
アプリケーションにおけるCopilotの
具体的な活用方法をご紹介します。

OneNoteのCopilotで ToDoリストを作成する

Keyword デジタルノート／タスク管理／ ToDo リスト

デジタルノート作成アプリ「OneNote」は、タスク管理や情報の集約などに活用できます。ここでは、OneNoteのCopilotを使ってToDoリストの下書きを作る方法を紹介します。

Todo リストを作成する

OneNoteには、リストやノートを作成する機能があります。Copilotを使えば、ToDoリストの作成を効率化できるほか、タスクの抜け漏れチェックにも使えます。

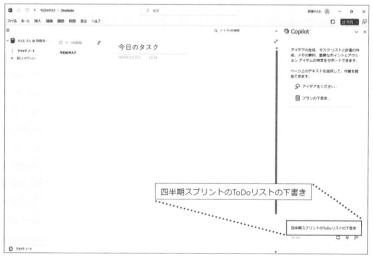

OneNote の Copilot を起動し、「○○の ToDo リストの下書き」と入力します。
ここでは「四半期スプリントの ToDo リストの下書き」と入力しています。

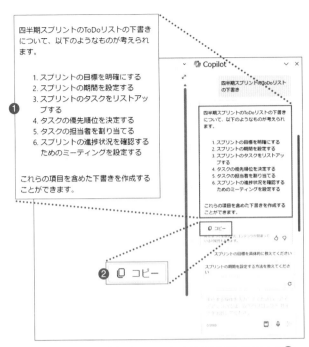

Copilotによって、指定したToDoリストの下書きが生成されます❶。
「コピー」ボタンをクリックし、内容をクリップボードにコピーします❷。

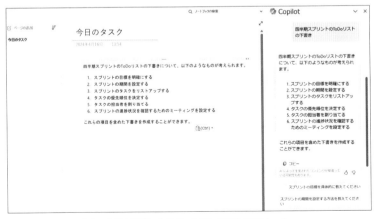

ノートにペーストします。内容を編集してToDoリストを完成させましょう。

151

OneNoteのCopilotを使って「ひとりブレスト」を行う

Keyword ひとりブレスト／企画書

　ビジネスのアイデアを出すためにアイデアをより深掘りしたり、新たな視点を加えたりする際、OneNoteのCopilotが役立ちます。ここではCopilotを使った「ひとりブレスト」の方法を紹介します。

OneNoteに企画書の下書きを入力し、Copilotを起動して「長所と短所をリスト化して」と指示します。

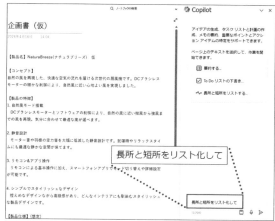

指示通りに長所と短所がリスト化されます。

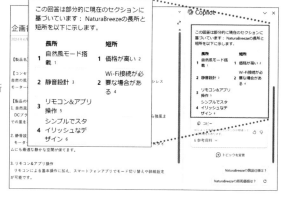

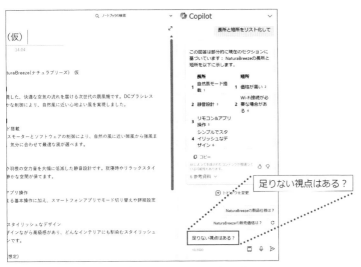

Copilot のテキストボックスに、「足りない視点はある？」と入力します。

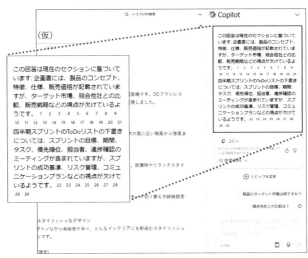

ノートに足りない視点や関連箇所など回答されます。それらを考慮し、企画書を書き換えましょう。

TeamsのCopilotで会議の効率を上げる

　ビデオ会議やチャット、資料の共有などで使用される「Teams」。このアプリでもCopilotを使うことができます。ここでは、TeamsでCopilotを有効にする方法と、使用事例を紹介します。

Copilotを有効にする

　TeamsでCopilotを使うためには、「文字起こし」をオンにする必要があります。まずはTeamsのCopilotを起動する方法を紹介します。

Teamsを起動し、「Copilot」アイコンをクリックします❶。
その後、「文字起こしの開始」をクリックします❷。

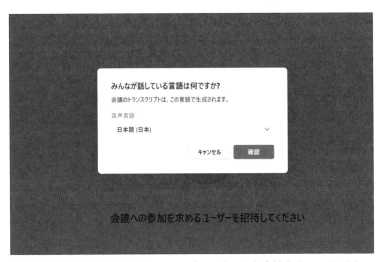

会議で使用する言語が表示されます。ここでは「日本語」を選び、「確認」をクリックします。

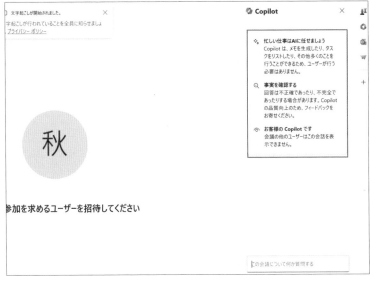

サイドバーに Copilot が表示されました。これでビデオ会議中に Copilot を使用できるようになります。

155

会議について質問する

　TeamsのCopilotを使えば、これまでの会議の要約や重要なトピックなどを表示できます。ここでは、会議の議論をより進めるために必要な質問をCopilotが作成しています。

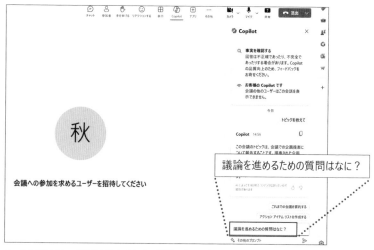

Copilotを起動し、「議論を進めるための質問はなに？」と入力します。

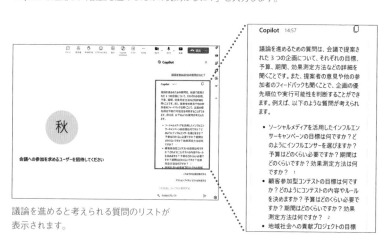

議論を進めると考えられる質問のリストが
表示されます。

Teams のチャット機能を使って最新情報を集める

Teams の Copilot は「チャット」画面からも使用できます。メンションされた
メッセージや作成したファイルなどを簡単に確認できます。

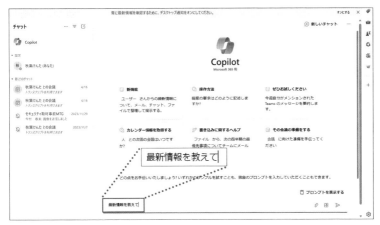

Teams を起動し、「チャット」画面を開きます。その後、「Copilot」アイコンをクリックし、
プロンプトを入力します。ここでは、「最新情報を教えて」と入力しています。

最後に編集したファイルや届いたメールが一覧されます。

WhiteboardのCopilotで 「ひとりブレスト」を行う

Keyword Whiteboard ／ SNS マーケティング

　デジタル ホワイトボード「Whiteboard」でも Copilot が使えます。ここでは、Copilot を使って「ひとりブレスト」を行う方法を紹介します。

Copilot でアイデアを生成する

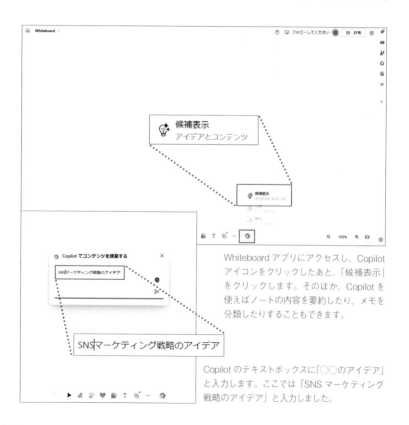

Whiteboard アプリにアクセスし、Copilot アイコンをクリックしたあと、「候補表示」をクリックします。そのほか、Copilot を使えばノートの内容を要約したり、メモを分類したりすることもできます。

Copilot のテキストボックスに「○○のアイデア」と入力します。ここでは「SNS マーケティング戦略のアイデア」と入力しました。

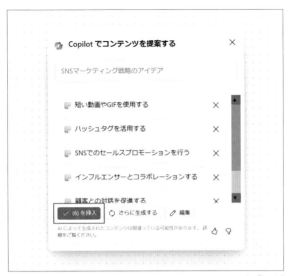

Copilot が追加するコンテンツを提案します。問題がなければ、「挿入」
をクリックします。

Copilot が提案したコンテンツが挿入されました。こちらを元に、アイ
デアを整理したりブラッシュアップしたりすることができます。

■ 問い合わせについて

本書の内容に関するご質問は、弊社ウェブサイトのお問い合わせページ（下記 URL）から、
もしくは下記の宛先まで FAX または書面にてお送りください。なお電話によるご質問、お
よび本書に記載されている内容以外の事柄に関するご質問にはお答えできかねます。あら
かじめご了承ください。

〒162-0846
東京都新宿区市谷左内町21-13
株式会社技術評論社　書籍編集部
「なるほど! Copilot 活用術」質問係
FAX：03-3513-6181　URL：https:// book.gihyo.jp/116

※ ご質問の際に記載いただいた個人情報は、ご質問の返答以外の目的には使用いたしません。
　　また、ご質問の返答後は速やかに破棄させていただきます。

ゼロからはじめる
なるほど！Copilot 活用術
～Windows、Microsoft 365の仕事が劇的に変わる AI 使いこなしのヒント

2024年6月28日　初版　第1刷発行
2024年8月 3日　初版　第2刷発行

著者‥‥‥‥‥‥‥‥‥‥‥マイカ
発行者‥‥‥‥‥‥‥‥‥‥片岡 巌
発行所‥‥‥‥‥‥‥‥‥‥株式会社 技術評論社
　　　　　　　　　　　　東京都新宿区市谷左内町 21-13
電話‥‥‥‥‥‥‥‥‥‥‥03-3513-6150　販売促進部
　　　　　　　　　　　　03-3513-6185　書籍編集部
　　　　　　　　　　　　Web　https://gihyo.jp/book
印刷・製本‥‥‥‥‥‥‥‥港北メディアサービス株式会社

装丁・デザイン‥‥‥‥‥‥菊池 祐（株式会社ライラック）
図版・DTP‥‥‥‥‥‥‥‥みつい としゆき
編集‥‥‥‥‥‥‥‥‥‥‥マイカ
担当‥‥‥‥‥‥‥‥‥‥‥伊東健太郎（技術評論社）

定価はカバーに表示してあります。
本書の一部または全部を著作権法の定める範囲を超え、無断で複写、複製、転載、テープ化、
ファイルに落とすことを禁じます。
©2024 有限会社マイカ

造本には細心の注意を払っておりますが、万一、乱丁（ページの乱れ）や落丁（ページの抜け）が
ございましたら、小社販売促進部までお送りください。送料小社負担にてお取替えいたします。

ISBN978-4-297-14206-3 C3055
Printed in Japan